我发现了奥秘

世界上最最奥妙的 数学书

[韩]李浩先◎编著

 吉林出版集团股份有限公司

图书在版编目(CIP)数据

世界上最最奥妙的数学书/(韩)李浩先编著.一长春:
吉林出版集团股份有限公司,2012.1(2021.6重印)
(我发现了奥秘)
ISBN 978-7-5463-8092-6

Ⅰ.①世… Ⅱ.①李… Ⅲ.①数学－儿童读物
Ⅳ.①O1-49

中国版本图书馆CIP数据核字(2011)第264529号

我发现了奥秘

世界上最最奥妙的数学书

SHIJIE SHANG ZUI ZUI AOMIAO DE SHUXUESHU

出版策划:孙　昶

项目统筹:于姝姝

责任编辑:于姝姝

出　　版:吉林出版集团股份有限公司 (www.jlpg.cn)
　　　　　(长春市福祉大路5788号,邮政编码:130118)
发　　行:吉林出版集团译文图书经营有限公司 (http://shop34896900.taobao.com)
总 编 办:0431-81629909
营 销 部:0431-81629880/81629881
印　　刷:三河市燕春印务有限公司(电话:15350686777)
开　　本:889mm×1194mm　1/16
印　　张:9
版　　次:2012年1月第1版
印　　次:2021年6月第7次印刷
定　　价:38.00元

写在前面

孩子的脑海里总是会涌现出各种奇怪的想法——为什么雨后会出现彩虹？太阳为什么东升西落？细菌是什么样的？恐龙怎么生活啊？为什么叫海市蜃楼呢？金字塔是金子做成的吗？灯是什么时候发明的？人进入太空为什么飘来飘去不落地呢？……他们对各种事物都充满了好奇，似乎想找到每一种现象产生的原因，有时候父母也会被问得哑口无言，满面愁容，感到力不从心。别急，《我发现了奥秘》这套丛书有孩子最想知道的无数个为什么、最想了解的现象、最感兴趣的话题。孩子自己就可以轻轻松松地阅读并学到知识，解答所有问题。

《我发现了奥秘》是一套涵盖宇宙、人体、生物、物理、数学、化学、地理、太空、海洋等各个知识领域的书系，绝对是一场空前的科普盛宴。它通过浅显易懂的语言，搞笑、幽默、夸张的漫画，突破常规的知识点，给孩子提供了一个广阔的阅读空间和想象空间。丛书中的精彩内容不仅能培养孩子的阅读兴趣，还能激发他们发现新事物的能力，读罢大呼"原来如此"，竖起大拇哥啧啧称奇！相信这套丛书一定会让孩子喜欢、令父母满意。

还在等什么？让我们现在就出发，一起去发现科学的奥秘！

目 录

探究历史上的数学奥秘

你还记得自己是什么时候开始接触数学的吗？大概我们每个人都是从数数开始认识数学的。一旦学会了数数，你就会觉得自己非常聪明吧！其实，在生活中，数学也带给我们许多快乐。现在就让我们走进数学的历史中，去了解一下它的发展历程吧！

数学是什么时候产生的？

　　数学到底是从什么时候开始产生的？这可不是一个容易回答的问题。很多人都没有研究出确切的答案。但是有一点可以肯定，那就是在人类创造出文字来记录自己的思想之前，数学就存在了。同其他的自然科学一样，它也是起源于人们的生产活动，在满足生活需要的劳动中创造出来的。

　　在五六千年以前，四大文明古国，也就是古埃及、古巴比伦、古印度和中国，都创造了各自的文字，同时还有各自的记数法以及最初的数学知识。在两千多年前，生活在欧洲东南部的希腊人把数学发展成为一门系统的理论科学。后来又由阿拉伯人继承了他们的文化，并传到欧洲。这样数学便繁荣起来了，并最终确立了近代数学。

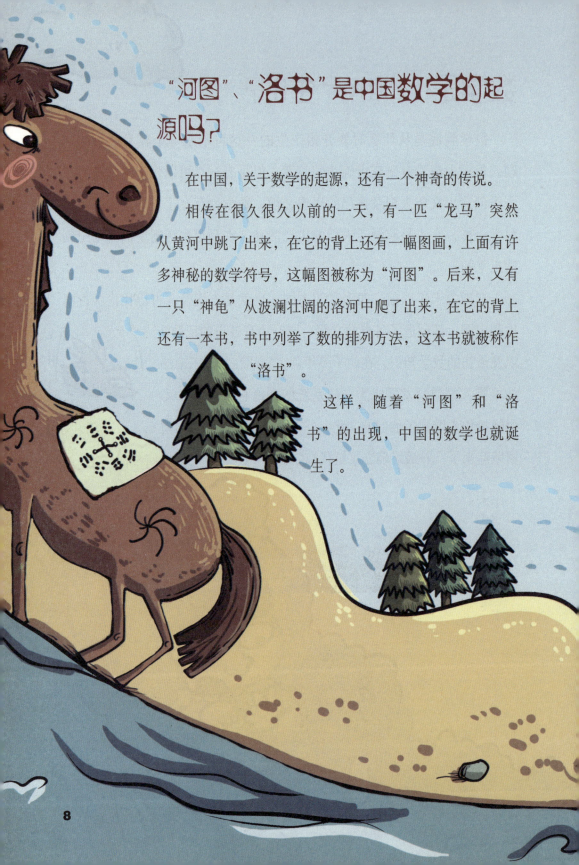

"河图"、"洛书"是中国数学的起源吗？

在中国，关于数学的起源，还有一个神奇的传说。

相传在很久很久以前的一天，有一匹"龙马"突然从黄河中跳了出来，在它的背上还有一幅图画，上面有许多神秘的数学符号，这幅图被称为"河图"。后来，又有一只"神龟"从波澜壮阔的洛河中爬了出来，在它的背上还有一本书，书中列举了数的排列方法，这本书就被称作"洛书"。

这样，随着"河图"和"洛书"的出现，中国的数学也就诞生了。

中国古代数学很了不起！

中国的数学在世界数学发展史上有着非常深远的影响。早在远古时代，人们就发明了计量事物多少的方法。在一些彩陶上，也发现了大量的直线、三角形、圆形、方形、四边形、五边形、六边形等和数学有关的图形。在一些房屋的遗址中，也发现有大量的几何图形，这可能是中国古代最早的记数符号。这些都说明了在远古时代，人们就已经有了数学中关于数和形的概念。你们说，古代的人是不是很聪明呀？

当文字出现以后，在殷商的甲骨文中又发现了记数专用的文字以及十进制记数法，还有一些规和矩等简单的绘图和测量工具。

中国古代的数学专著也非常多，比如《九章算术注》、《孙子算经》、《勾股圆方图注》、《五经算术》、《缀术》等。《九章算术注》是刘徽对《九章算术》作的注释，他在这本书中对数学上的一些概念提出了明确的解释，为中国数学的发展奠定了坚实的理

论基础。祖冲之在《缀术》中所推算的圆周率更加精确，已经成为举世公认的重大成就。另外，王孝通在《缉古算经》中、贾宪在《黄帝九章算法细草》中提出的"开方作法本源"图和增乘开方法，《孙子算经》中的"孙子问题"以及《张邱建算经》中的"百鸡问题"、珠算盘和珠算术等，都为世界数学的发展做出了巨大的贡献。

牛郎和织女要多少年才能见上一面？

中国小朋友从小就都听过牛郎和织女的故事，并深深为之感动。那你知道实际上他们要多少年才能见上一面吗？牛郎星距离地球大约16.5光年，也就是光还要行走16.5年（光的速度为30万千米/秒），而织女星离地球大约26.3光年。如果牛郎和织女准备到地球上相会，他们都以最快的速度，也就是光的速度前进，那么牛郎要在地球上等多久才能见到织女呢？因为牛郎距离地球较近，所以他会先到达地球。而他们之间的距离相差10光年，也就是说牛郎要先到地球上等10年，才能和织女见上一面。

如果见过一面之后，织女又匆匆赶回去，再出发，这一来回就需要53年。所以牛郎要等53年才能与织女见第二次面。如果牛郎也返回到自己的星球上，那么在路上的时间不算，他也要等20年才能与织女再见面。你看看，他们见个面是多么不容易呀！

这个记事的 方法真好玩！

现在的人们要记住一件事情或者一个数字，可以把它写在纸上、本子上，或记录在电话、电脑里面，非常的方便，查找起来也很便捷。那么，小朋友们知道在遥远的古代，还没有发明这些设备，甚至还没有真正的文字出现的时候，人们是怎么记事、记数的吗？

古人真聪明！

在很久很久以前，人类还处于茹毛饮血的原始时代，主要是以采集野果、围猎野兽为生。这种活动常常是集体进行的，所得的猎物也平均分配，这样，古人便逐渐产生了数量的概念。他们逐渐学会了在捕获一头野兽后用一块石子、一根木条来代表，或用在绳子上打结的方法来记事、记数。你看，在古代虽然没有我们现代的这些记数设备，但古人还是会想出很多办法的，他们是不是非常聪明呢？

为了分配产品，产生了结绳记事

在你小的时候，妈妈教你数数，是不是要先伸出手指？大概每一个小朋友都是利用手指学会了数数。可以说，手指是人类最方便、也是最古老的计算器了。

古人把猎物打回来之后，都会聚集在一起，然后平均分配。那一共打了多少猎物呢？他们首先就要数一下，这个时候，在绳子上打结的方法就被充分利用上了。他们用手指数着猎物，每个手指对应一个猎物，当十个手指都用完的时候，怎么办呢？他们就把数好的猎物放在一堆，然后拿来一根绳子，并在上面打一个结，表示的是"有手指这么多的猎物"，也就是十只。然后再重新开始，再数出手指那么多，堆成第二堆，再在绳上打个结。当一根绳子上的结和手指一样多的时候，再换第二根，就这样，一个结接一个结、一根绳子接一根绳子地打下去，最后也就知道所打的猎物有多少了。

比如，在第二根绳子上打了3个结之后，地上的猎物就只剩下6只

了，那你算算他们一共打了
多少猎物呢?

那就是：

1 根绳 =10 个结，1 个结 =10 只。那第一根绳子上的结就代表是
100 只，第二根绳子 3 个结再加上 6 只，就是 36 只。所以他们一共打了
100+36=136 只猎物。

原来世界上很多民族都用过这种方法呀!

世界上有许多民族都用过结绳记事的方法。南美洲的古印加人不仅
用这种方法来记录各类财物的数量，而且还用来记录时间的变化、战争
中使用的兵力等。

在古代的许多文献中都有关于结绳记事的记载。近代的非洲和大洋

洲以及印第安的土著人，也非常喜欢使用这种方法。人们把绳子打成各式各样的结，不同颜色的绳子和不同的结，以及两个结之间的距离，都代表不同的含义。比如，在秘鲁的印第安人，他们用一根带颜色的绳子做主绳，然后在这根主绳上每隔一定的距离再系上不同颜色的细绳，用来表示各种事情。主绳的颜色不同，代表不同的事情，红色代表军事、兵卒等，黄色代表黄金，绿色代表谷物等。细绳上如果打单结就代表"10"，双结代表"20"，重结代表"100"，双重结代表"200"。

这种结绳记事的方法沿用了很多年，在20世纪五六十年代的时候还仍然有人在使用，比如中国的佤族人用这种方法来记录账务的清算，傈僳族也用此法来清算各种费用。更有意思的是，还有一些民族用这种方法来记录情侣约会的日期和地点，以及一些公事会晤的时间。但因为受到现代文明的影响，他们的结绳记事方法和古代人所用的还是有一定区别的。

子午线有多长？

你知道子午线的长度是多少吗？如果我这样问你，你一定会说，那怎么可能知道呢？也没有办法去测量呀。别着急，我告诉你一段历史，然后你就会觉得这个问题其实是很简单的。

1970年5月8日，为了能有一套世界通用的度量制度，法国国民议会决定成立一个以法国数学家拉格朗日为首的委员会。这个委员会商议后，决定把测量子午线弧长的工作交给法国数学家达朗贝尔和梅森，并把通过巴黎的子午线长度的四千万分之一作为基本单位，这个基本单位就是我们现在所说的"米"。

到这里就不再继续讲下去了，因为问题的答案已经出来了。子午线四千万分之一是1米的话，那子午线的长度就应该是1×4000万=4000万米。

难道数还有"有道理和没道理"之分吗？

　　我们生活在数的海洋里，每天都要和数打交道，比如早晨6点钟起床，7点钟上学，这些都要有数来做参考，离开这些数字，那我们的生活将变得一团糟。这里的6、7，还有我们所见到的小数，在数学上就称为有理数。既然有有理数，那肯定就有无理数了，现在就让我们来了解一下它们吧。

什么是有理数和无理数呢?

这里的有理数和无理数可不是按照有没有道理来分的。有理数是整数和分数的统称，还有正有理数和负有理数之分。

有理数也可以说是整数集的扩张。在这个大集体中，加法、减法、乘法和除法的运算可以畅通无阻。所有的不相等的两个有理数都可以比较它们的大小。

那有理数这个集体和整数的集体有什么区别呢？在有理数集体中，任何两个有理数之间还有其他的有理数。而在整数的集体中，两个相邻整数之间就没有其他的整数了。

和有理数相对的数就是无理数了，也就是不能表示为整数或者两个整数之比的那些数。这两者的主要区别就是：无理数是无限不循环小数，开不尽方的数，但并非所有无理数都可以写成根号的形式，如圆周率π就不能写成根号的形式；而有理数则是有限小数或无限循环小数，它们都可以写成分数的形式。

无理数是从何而来的呢?

我们经常能接触到一些有理数,但无理数却很少。那你知道无理数是怎么来的吗?

古希腊伟大的数学家毕达哥拉斯一直认为,在数学世界中只有整数和分数,除此之外就没有其他的数了。但是,有一次却出现了问题,一个正方形的边长是1的时候,那它的对角线是多少呢?是整数还是分数?毕达哥拉斯和他的学生们绞尽脑汁也没有想出这条对角线到底是什么数。

毕达哥拉斯学派中有一个名叫希伯斯的人,这个问题引起了他的兴趣,世界上除了整

数和分数到底还有没有其他的数了？带着这个问题，他开始了大量的研究。经过努力，他终于发现，这条对角线不是整数也不是分数，而是一个人们没有认识到的新数。那这个新数起个什么名字好呢？当时，人们觉得整数和分数是容易理解的，就把整数和分数合称"有理数"，而希伯斯发现的这种新数不好理解，就取名为"无理数"。

一个理论引发的悲剧

希伯斯的这个发现，就像一颗炸弹一样一下子就炸开了，引起了人们的恐慌。因为这无疑是在说毕达哥拉斯学派的理论是错误的。为了维护学派的尊严，他们把希伯斯的发

现秘密地藏起来，如果发现谁泄漏出去，就要处以活埋的刑罚。

但希伯斯却很勇敢，他没有被这个刑罚吓倒，而是将他的发现公之于众。对于他的这一举动，他的老师毕达哥拉斯十分愤怒，下令要严惩希伯斯。听到消息后，希伯斯赶紧驾船逃跑，但不幸还是被人追上捉住了，结果被扔进了大海。

希伯斯为自己的发现、为宣传科学献出了自己宝贵的生命，在科学史上留下了悲壮的一页。正是因为他发现了无理数，数的概念才得以扩充。从此，数学的研究范围进一步扩大了。

怎样记住圆周率呢？

我们通常所接触的大多数都是有理数，对于无理数知道的很少。但我们大家可能都学到了圆周率 π，这是一个很典型的无理数。

中国古代著名的数学家祖冲之，在世界数学史上第一次将这个无理数 π 计算到了小数点后七位，即3.1415926到3.1415927之间。

但是这个 π 记忆起来非常困难。古时的某一天，老师让学生背诵圆周率至小数点后20位，然后自己就跑出去喝酒了，告诉学生们回来时候要检查。那么多的数字怎么才能记下来呢？有个学生非常聪明，发明了一个顺口溜，使得全班同学都快速地背了下来。

这个顺口溜就是：

山顶一寺一壶酒，尔乐，苦煞吾。把酒吃，酒杀尔，杀不死，乐而乐。

对应的数字就是：

3.14159265358979323846 26

趣味问答

23

算盘的
来龙去脉

中国是算盘的故乡。在计算机已经普及的今天，古老的算盘不仅没有退出历史舞台，反而因它的灵便、准确等优点，在许多国家开始流行。因此，人们往往把算盘的发明与中国古代四大发明相提并论，认为算盘也是中华民族对人类的一大贡献。那么，算盘是什么时候发明的呢？

西施是算盘的始祖吗?

　　算盘最早起源于中国，但具体是在什么时间发明的，却没有办法去考证。至于发明算盘的人，说法更是五花八门。听过中国古代的大美女西施吗？有人还说她是算盘的始祖呢！这是怎么回事呢？

　　原来，在春秋战国时期，战争频繁。越国国王勾践大败吴国之后，吴国国王被迫自杀。而勾践先前送给吴王的美女西施则和勾践的大臣范蠡一同逃到了现在中国江苏省无锡市附近的太湖岸边住了下来。为了躲避追杀，范蠡改名为陶朱翁，从事商业活动。因为每天都要收来大量的钱币，为了准确计算，他就用泥土捏了很多小圆珠，然后染上

不同的颜色，用来算账。但这些珠子经常滚来滚去，很不老实。西施看到后，就用绳子把珠子穿在一起。但用了一段时间后，觉得还是很不方便。于是西施又用竹棍编了几个架子把穿珠子的绳固定好，这样使用起来就方便多了。西施所编的这个竹算盘和现在使用的算盘非常相似，因此就把西施称为算盘的始祖。

孔二奶奶也是算盘的祖师？

有人认为算盘是西施发明的，还有人认为是孔二奶奶，也就是孔子的夫人发明了算盘。

据说，春秋时期，鲁国国君认为手下的司库大臣管理账目不清，能力很低，于是就下令让孔子接任他的职位。孔子对账目也不熟悉，但君命又不能违抗，只能硬着头皮做了下去。孔子的夫人非常聪明，她看到孔子天天愁眉不展，就对孔子说："我在记录家里的账目时，就用一根绳子穿上一些珠子，代表家里的钱数。你交给我多少，我就加上多少珠子；拿走多少，就减去多少珠子，从来没有出现过差错。你不妨也用这种方法试试看。"过了几天，孔二奶奶问孔子这个方法怎么样。孔子说："还

不错，只是这个方法只能用在个位上，到了十位以上就不行了。"孔二奶奶笑着说："你不会多用几根绳子吗？"孔子一听，顿时醒悟，高兴地说："对呀，可以用几根绳子分别代表个、十、百、千、万的位数，然后穿好珠子就可以算账了！"这就是最初的算盘。虽然说孔子夫人发明算盘没有什么有效的凭证，但人们还是把她奉为祖师。

另外，有人认为算盘起源于东汉、南北朝时期，也有人认为是起源于元、明时期，还有人认为是起源于唐朝时期，说法不一，但是这些观

点都不能得到最后的确认，所以，到目前为止，也不能推断出算盘到底是什么时候发明的。

计算机时代也少不了算盘

我们现在所学的珠算就来源于中国，这是中国古代数学在计算方法上的一项重大发明。在中国汉代徐岳写的《数术记遗》一书中，就记载了十几种上古算法，珠算就是其中的一种。

大约在中国南宋时期，算盘开始流行起来。到了明朝，算盘成为主要的计算工具。

因为算盘的制作非常简单，价格便宜；而珠算运算起来简单，使用的范围广泛，不但能计算加减乘除等运算，还可以计算土地的面积和各种形状东西的大小，所以算盘深受中国人的喜欢，并为中国历史

的发展做出了很大的贡献。后来还传到日本、朝鲜、美国等国家和地区。

而现在，我们计算时主要采用的是计算机。但是，算盘并没有退出历史舞台，依旧发挥着它的作用。在中国，各行各业都有打算盘的高手。因为使用算盘，必须脑、眼、手密切配合，这样可以锻炼思维能力，锻炼大脑。所以，至今仍有很多人在使用算盘。

趣味问答

如何解决鸡兔同笼的难题？

鸡和兔子真的很难在一个笼子里生活。但这里所说的这个难题却是数不清有多少只鸡和兔子了，小朋友，要不你来帮忙数一下？

在中国古代数学著作《孙子算经》中有这样一道题："今有鸡兔同笼，上有三十五头，下有九十四足，问鸡兔各几何？"这几句话是说：在一个笼子里有若干只鸡和兔子，从上面数，有35个头，从下面数，有94只脚，那这个笼子里到底有多少只鸡、多少只兔子呢？

我们都知道，鸡有两只脚，兔子有四只脚。现在要想解答这个问题，我们先让它们表演一下"杂技"：每只鸡用一只脚站立，也就是"金鸡独立"的姿势；每只兔子就模仿人类，只用后面的两只脚站立，前面两只则抬起来，成为"直立兔"。这样，所有的鸡和兔子着地的总脚数就减少到了原来的一半。此时的鸡成了"一个头一只脚"，兔子则变成了"一个头两只脚"。那么此时着地的脚的总数就变成了94的一半，也就是47只了。如果笼子里有一只兔子，脚的总数就比头的总数多1，所以脚的总数47与总头数的差，就是兔子的只数，也就是47－35=12只。这样鸡的只数也就算出来了，就是35－12=23只。

小朋友，你们算明白了吗？

29

数学故事
也很有意思！

　　在漫长的数学历史长河中，有着无数的伟人和发生在他们身上的小故事，了解这些伟大的数学家们生活中的点滴，不仅能增长我们的历史知识，还能激发我们对数学这门学科的兴趣。现在就讲几个有趣的小故事来和大家分享一下吧。

卡尔丹诺公式，一桩著名的冤案

我们学到的很多数学公式和定律都是用发现者的名字来命名的。在数学史上，有一个公式叫作"卡尔丹诺公式"，这个公式里面还有一桩冤案。这是怎么回事呢？

"卡尔丹诺公式"就是三次方程的求根公式。根据名字，这个公式应该是卡尔丹诺发现的，但实际上，这个公式的发现者却另有其人，是16世纪意大利的数学家尼柯洛·冯塔纳。

冯塔纳在十几岁的时候，被入侵意大利的法国士兵砍伤，使他一辈子都不能清楚地说话了，人们还因此给他起

了一个绰号叫"塔尔塔里亚"（意思是结巴）。因为他的父亲很早就去世了，母亲没有能力供他念书，但冯塔纳通过艰苦努力，自学成才，成为了16世纪最有成就的学者之一。

在很早的时候，人们就掌握了一元二次方程的解法，但对于一元三次方程的研究却不是很深。冯塔纳经过多年的探索和研究，利用十分巧妙的方法，终于找到了一元三次方程的求根方法。但他保守秘密，不愿将这个发现公之于众，指望以后在自己的著作中发表。

但当时另一位数学家知道这个消息后，不择手段地骗取了冯塔纳的秘密，并把它写到了自己的作品《大法》中，但署名却不是冯塔纳，而是他自己的名字——卡尔丹诺。冯塔纳要去找他理论，反而被他雇凶杀害了。

后来，真相被人们知道了，人们为了纪念冯塔纳，就逐渐把"卡尔丹诺公式"称为"塔尔塔里亚—卡尔丹诺公式"了，历史终于还原了它本来的面目。

棋盘格子里的小麦与付不起账的国王

在印度的舍罕王时代，舍罕王曾发布一道这样的命令：如果谁能发明一件能让人娱乐、能增长知识、使人变聪明的东西，我就让他终生做官，而且还可以挑选皇宫中任意一件物品。

这一消息发出后，很多人都纷纷尝试，但都不能令国王满意。最后，宰相西萨·班·达依尔发明的国际象棋深受舍罕王的喜爱，于是他就准备兑现自己的承诺。因为宰相是除了国王之外最大的官了，就不能再封官了，只能赏赐宝贝。但宰相什么宝贝也没要，他对国王说："请您在这张棋盘的第一个格子内赏给我一粒小麦，在第二个格子内赏给我两粒，第三格赏四粒，第四格赏八粒。这样赏下去，把棋盘的格子填满，我就满足了。"

国王一听，这还不简单，于是答应了宰相的请求。

但是，等到计算麦粒的工作开始后，国王傻眼了。按照宰相的放法，还没有到第20格，一袋麦子就没了。接着一袋又一袋的麦子搬进了皇宫，很快京城内所有的小麦都拿来了，棋盘还是没有摆满。到最后，一个粮库的麦子都填不满一个小格。国王发现，即使把全印度的粮食都拿来，也兑现不了他对宰相许下的诺言了。

这是怎么回事呢？我们来看看宰相一共要了多少粒麦子。

实际上，这是一个等比数列：

$$1+2+2^2+2^3+\cdots\cdots+2^{63}=18446744073709551615（粒）$$

如果一蒲式耳（大约等于36千克）小麦按500万粒计算，那么国王要给宰相4万亿蒲式耳才可以。按照今天的情况来计算，宰相所要的小麦竟然是全世界在2000年内所生产的全部小麦！这么多的小麦，国王怎么可能付得起呢？

富兰克林的遗嘱——1000英镑如何用200年

你们听说过本杰明·富兰克林吗？他是美国伟大的科学家和政治家，避雷针就是他发明的。因为他一生乐善好施，所以在他去世后，并没有留下多少遗产，却留下了一份有趣的遗嘱，说是要把他留下的1000英镑作为200年

的公众开支。这是怎么回事呢？我们先来看看这份遗嘱的内容：

"……1000英镑赠给波士顿的居民，他们要挑选出一些公民出来管理这笔钱。这些公民得把这些钱以每年5%的利率借给一些年轻的手工业者去生息。过了100年，这些钱会增加到131000英镑。那时候，我希望用10万英镑来建立一所公共建筑物，剩下的31000英镑拿去继续生息。再过100年，这笔钱会增加到4061000英镑。其中，1061000英镑还是由波士顿的居民来支配，而其余的3000000英镑让马萨诸塞州的公众来管理。在此之后，我可不敢多作主张了！"

这份遗嘱好奇怪呀！仅仅1000英镑，怎么立下了几百万的财产分配遗嘱呢？

我们来给他算一下：

富兰克林留下了1000英镑，按照5%的利息计算，一年后的利息就是

1000×5%=50英镑，加上本金一共有1000+50=1050英镑。

第二年时，我们把这1050英镑再按照5%的利息计算，过了一年后，就得到：$1000×(1+5\%)×(1+5\%)=1000×(1+5\%)^2=1102.5$英镑。

依此类推，100年后，就可以得到$1000×(1+5\%)^{100}=131501$英镑，比遗嘱中说的还多出501英镑呢！

除去10万建立公共建筑物，剩下的31501继续生息，过100年后，又可以得到$31501×(1+5\%)^{100}=4142421$英镑。

天啊，这样看来，富兰克林留下的是"一只会生'金蛋'的鸡"呀！

其实，这就是神奇的指数效应。

威廉·向克斯的遗憾事

大家知道圆周率 π 吧？这是圆周长和直径的比值。自古以来，就有很多人对它进行过研究。古希腊的阿基米德计算出 π≈3.14。后来，中国的数学家刘徽利用割圆法，得出 π=3.1416，称为"徽率"。祖冲之确定 π 的数值在3.1415926和3.1415927之间。在这之后，阿拉伯数学家阿尔·卡西又把 π 计算到了小数点后的第16位。再后来，π 的数值不断更新。到1706年，π 的计算达到了小数点后百位。1854年达到400位。

  1872年，英国一个名叫威廉·向克斯的学者利用20年时间，把π的值算到了小数点后的707位。为了纪念他的贡献，人们在他的墓碑上刻下了这个π的数值。此后半个多世纪，人们对他的计算结果深信不疑。但是，有一位英国数学家法格逊对威廉·向克斯算出的π值产生了怀疑。因为他认为，在π值中，0到9这十个数出现的概率应该是相同的，都是十分之一。但是他发现向克斯计算的这个π值中，十个数出现的次数却相差很多。

　　为了证明自己的想法正确，法格逊花了一年的时间，利用当时最为先进的计算机，终于确定向克斯计算的 π 值707位中的后180位是错误的。但当时的向克斯没有发现，他因此白白浪费了许多时间，这应该是他终生遗憾的事情吧。

阿基米德是在吹牛吗？

　　古希腊的大数学家阿基米德曾有一次利用滑轮的原理，把一根拴着大船的绳子塞在国王的手里，国王只是轻轻地一拽，就把大船拉动了。国王被阿基米德的才华深深折服。

　　阿基米德曾得意忘形地说出了一句经典的话："只要给我一个支点，我就能撬起地球。"直到今天，这句话还是很出名。阿基米德这个玩笑是不是开大了？

　　现在我们要研究的是：假如这个支点真的能找到，而且也能找到一根足够长、足够结实的杠杆，阿基米德真能把地球撬起吗？我们再来帮他计算一下。

　　假如要把地球撬高1厘米，他需要握住杠杆的施力点走10万光年。即使他以光的速度（光速为每秒30万千米）来走，还需要走10万年。你们说，阿基米德会活那么久吗？

趣味问答

看看数学给我们出的难题

在我们的日常生活当中，许多情况下都要运用数学计算来解决我们的实际问题，你能举出这样的例子吗？是的，这样的例子很多。数学虽然能帮助我们解决实际问题，但是也给我们制造了一些难题，你看，现在就有好几个难题摆在我们面前了。

怎样能让立方体的祭坛体积加倍呢？

在古希腊群岛中一个叫杰洛西的小岛上发生了一场大瘟疫，很多人在瘟疫中死去。人们毫无办法，纷纷来到神庙，向神灵祈求。神灵说："之所以发生瘟疫，是因为你们没有虔诚地祭祀我。你们看，我殿前的祭坛太小了！如果你们保持祭坛的形状不变，把祭坛扩大一倍，我就让这场瘟疫结束。"

人们赶紧把原来祭坛的尺寸增加了一倍，但还是保持立方体的形状，做了一个新的祭坛放在神庙前，但是瘟疫不但没有停止，反而更厉害了。人们大惊，问神灵："新的祭坛做好

了，为什么瘟疫还没有结束？"神灵说："你们根本就没有按照我说的去做，现在的祭坛比原来的大出了8倍！"

岛上的居民没有办法了，只好赶紧派人去把著名的数学家柏拉图请来。但是柏拉图和他的学生们用圆规和直尺弄了好一阵，也没有画出一个不改变原来的形状却能使体积增大一倍的立方体。

之后有很多数学家也对这个问题做了研究，但始终都没有得到正确的答案。最后，有一些数学家经过研究，认为这是一个根本解决不了的

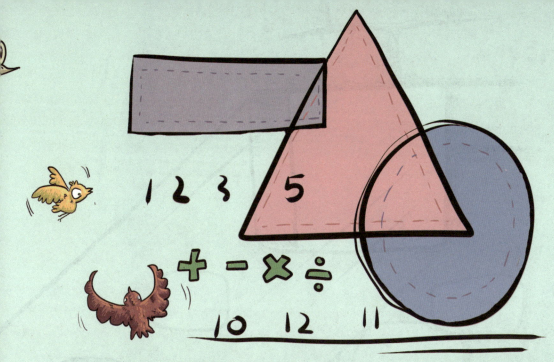

问题，于是就再也没有人做这方面的尝试了。

虽然这个难题没被解决，但人们却在这一过程中发现了一些特殊的曲线，比如圆锥曲线、蔓叶线等，还发现了椭圆、抛物线等，为解析几何的发展奠定了基础。

怎样画出一个和已知圆面积相等的正方形呢？

小朋友们都知道，我们利用圆规可以画出一个圆来，那能不能再利用直尺和圆规画出一个和这个圆面积相等的正方形呢？这个问题很早就

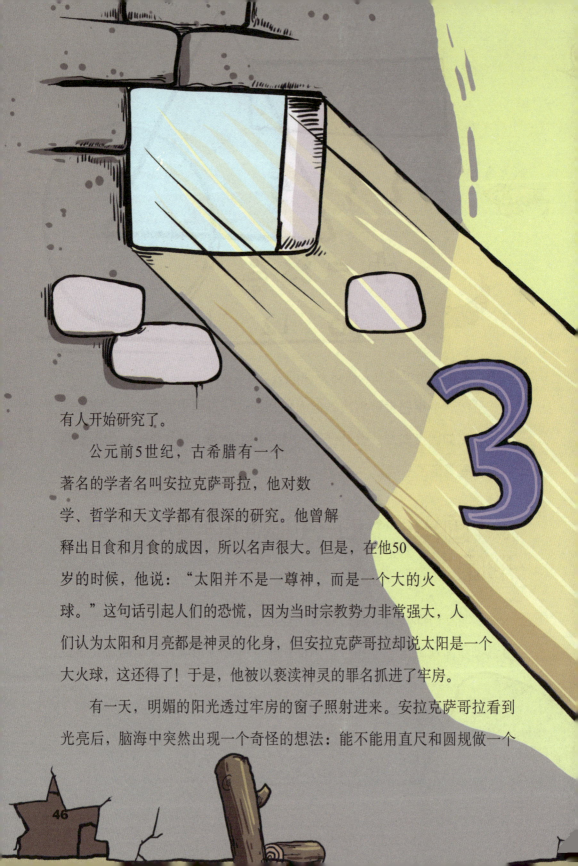

有人开始研究了。

公元前5世纪，古希腊有一个著名的学者名叫安拉克萨哥拉，他对数学、哲学和天文学都有很深的研究。他曾解释出日食和月食的成因，所以名声很大。但是，在他50岁的时候，他说："太阳并不是一尊神，而是一个大的火球。"这句话引起人们的恐慌，因为当时宗教势力非常强大，人们认为太阳和月亮都是神灵的化身，但安拉克萨哥拉却说太阳是一个大火球，这还得了！于是，他被以亵渎神灵的罪名抓进了牢房。

有一天，明媚的阳光透过牢房的窗子照射进来。安拉克萨哥拉看到光亮后，脑海中突然出现一个奇怪的想法：能不能用直尺和圆规做一个正方形，让它的面积和一个已知圆的面积相等呢?

这就是世界著名的数学题——化圆为方。

有了这个想法之后，安拉克萨哥拉就开始在牢房中研究起来。但很不幸，他花了后半生的时间也没有解决这个难题。后来，又有许多的数学家进行研究，但都没有结果。西方数学史上，更是有很多数学家被这个问题所吸引，就连艺术大师达·芬奇也曾试图解决这个问题。它看起来很简单，却难倒了无数的数学家。同样，在研究这个问题的过程中又有了新的发现，推动了数学的发展。

你能把一个任意角三等分吗?

小朋友，给你
一把直尺和一个圆

规，你能把任意一个角两等分吗？当然可以。其实这个问题非常简单，只要是等分为2的任意次方，如4等分、8等分……我们都可以轻松地做到。

那我现在再问你，如果用一把没有刻度的直尺和一个圆规，你能不能把任意一个角三等分呢？看起来好像也不难哦，动手试试吧。这个问题可是几千年来人们都没有解决的难题啊。

阿基米德也曾研究过这个问题，最后，他确实是将角三等分了，但人们却不承认他把这个问题解决了。为什么呢？因为他耍小聪明，在直尺上做了标记。

到了 19 世纪，有一个叫斐耳科斯基的人提出了一种渐进的方法，也就是作图的次数越多，就越准确。如果无限次地做下去，就可以得到精

确的三等分线。

数学家们想出了很多办法把一个任意角三等分，但是没有人能够只利用直尺和圆规的方式把它做出来。

两千多年来，人们一直想把阿基米德的方法修改成符合尺规作图法则，或者能够找到其他用尺规合规矩地三等分角的方法，但最后都没有成功。直到1837年，万彻尔在一篇文章中，证明出用尺规三等分角是不可能的，人们这才结束了这种徒劳无功的尝试。

四色原理的证明

不知道你留心观察过地图没有？在地图上，随意找一个地区，把它和相邻地区涂上不同的颜色加以区分，只需要四种颜色就够了。

千万别小看这小小的四色，它可是一道非常著名的数学难题呢。据说这个难题是由英国的一个名叫居特里的绘图员提出来的。

1850年，居特里在一家科研单位搞地图着色工作，他偶然发现一个有趣的现象：要是在地图上给相邻的地区涂上不同颜色，只需要四种。用数学语言来描述，就是：把一个平面任意分成若干区域，每一个区域用1、2、3、4这四个数中的一个来标记，却不会使相邻的两个区域出现相同的数字。他立即把这个发现告诉了正在上大学的弟弟，希望他能证明出这个结论是

正确的。但是他的弟弟发现自己也解决不了这个问题，但又不能否定这个结论。于是，就向他的老师——英国著名的数学家德·摩尔根请教。没想到，这个看似简单的问题又难倒了他的老师。摩尔根又写信给哈密顿，他认为像哈密顿那样聪明的人，一定能解决这个问题。让他意外的是，直到1865年哈密顿去世，问题也没有解决。

1878年，当时英国的数学权威凯利在伦敦数学会上正式提出了这个问题，被称为"四色问题"。于是四色猜想吸引了很多人的关注，很多著名的数学家纷纷加入到这个问题的大讨论中，但始终没有人能够解决。于是，这个看似简单的问题成为世界上当代三大数学难题之一。

著名的大数学家闵柯夫斯基在四色问题上还闹了一个笑话呢。一次，他的学生向他提出了这个问题。闵柯夫斯基当时便口出狂言说，四色问题之所以没有解决，是因为没有一流的数学家研究它。说着，他就在黑板上演算起来，下课铃响了，尽管黑板上写了密密麻麻的一片，但问题还是没有解决。第二天上课的时候，正赶上狂风大作，雷电交加，闵柯夫斯基诙谐地说："老天也在惩罚我的狂妄啊，四色问题我解决不了。"

就这样，这个难题直到1976年才有了转机。美国数学家阿佩尔、哈肯等人在研究了前人各种证明方法和思想的基础上，利用计算机开始了证明工作，终于证明了四色问题是正确的。这个过程在计算机上花费了1200个小时。从此，四色问题变成了四色定理。这一问题的证明，对有

效地设计航空班机日程表，设计计算机的编码程序等都起了推动作用。

埃及的金字塔是世界七大建筑奇迹之一，尤其是其中的胡夫金字塔，亦称大金字塔，更为奇妙。它的塔高是 149.59 米（经长期风雨侵蚀现在塔高为 137 米），这个数字乘上十亿，正好是地球与太阳之间的距离。

$$149.59 \times 10^9 = 149\ 590\ 000\ 000\,米$$

$$= 149\ 590\ 000\,千米$$

从最近的天文计算数据得知，日地之间的距离为 149 597 870 千米，也称作一个天文单位的距离。你看，这两个数字是何其相近!

金字塔有多高？

埃及的金字塔举世闻名，是古代建筑的奇迹。尤其是其中的胡夫金字塔，可以说是世界上最大的巨石建筑，非常奇妙。

现在人们测量地球到太阳的距离是在14 624万千米到15 136万千米之间，于是人们便把地球与太阳之间的平均距离149 597 870千米定为一个天文度量单位。而胡夫金字塔的塔高是146.5米（经过风雨侵蚀，现在是137米）。这个数字乘上十亿，也就是$146.5 \times 10^9 = 146\ 500\ 000\ 000$米，这是数正好是在14 624万千米与15 136万千米之间，与日地的距离是何其相似！

另外，瑞士人冯·丹尼肯在《众神之车》一书中这样写道："这座金字塔的底面积除以两倍的塔高，数值是3.14 159，与圆周率π相近。"这难道也是巧合吗？

趣味问答

好神奇的数字呀！

在数字王国里，有着这样一些数字，它们本身并不独特，但是通过它们和其他数字组合，或者用一些特定的规律来看待它们，你会发现这些数字马上就变得灵活有趣起来，有些变化会让人瞠目结舌。下面，让我们一起来认识一下这些数字吧。

抓住尾巴就能找出是谁的数字

在数学里面，有这样一个神奇的数字：66 666……67。这个数字是没有止境的，前面不管你加多少个6，但最后一位一定要是7。现在，我们看一下这个数的"魔力"。

假如一个数字把原形隐藏了，这是一个多位数，但我们不知道它是谁，就先给它起名叫z吧。现在，用z乘以6 667，我们不用知道得出的这个数是多少，只要知道它的四位"尾巴"，就可以知道z是多少。

这也太神奇了吧！不信？我们随便找一个数，让z现出原形吧。

假如z和6 667的乘积的四位"尾巴"是5 869，在知道这个数之后，只要把它乘以3，再截取后4位，就可以知道这个z一定是7 607。我们来验证一下：

7 607 × 6 667=50 715 869

怎么样？现在你相信了吧！在原数和"尾巴"之间，存在着良好的对应关系。刚才我们假定的是四位数，其实你可以取任意一个数，多少位都行（个位除外，因为没法对应），但有一点要注意，就是你要取的数有几位，那666……7这个数也要相应地取几位，然后按照上面的方法去做，保证可以让这个数现出原形。

奇特的缺8数

据说，菲律宾前总统马科斯认为7是他的幸运数字，所以他对7比较偏爱。有一天，一个人对总统说："总统先生，我听说您非常喜欢7。请把

您的计算器拿出来，我可以送给您清一色的7。"然后，这个人就在计算器上按下一个8位数，然后乘以63，于是一长串的7就出现在了总统面前。

这个8位数是什么呢？它就是12 345 679。咦，怎么没有8呢？其实，这就是一个缺8数字。只要你用这个数去乘9的倍数，那么相应地111 111 111，222 222 222直到999 999 999都会出现。是9的多少倍，相应地就出现数字几。比如18是9的2倍，那么用这个缺8数乘以18，得出的结果就是9个2。如果不信，你可以试一下。

现在，我们再来看看这个奇特的缺8数如果乘以3以及3的倍数，会出现什么结果呢？

12 345 679 × 3=37 037 037

12 345 679 × 6=74 074 074

12 345 679 × 12=148 148 148

12 345 679 × 15=185 185 185

12 345 679×33=407 407 407

发现什么了吗？乘积是不是很像"三位一体"呢？

除了具有上面这些独特的功能外，缺8数的积中数字还可以"轮休"，就像大人们上班一样。但有三个数字很可怜，就是3、6、9，轮班休息总也轮不到它们。

我们刚才所说的是与3或9相乘，如果这个缺8数与其他数相乘会有什么结果呢？

我们用10至17这个区间的数来乘一下，把其中的12、15去掉，因为它们是3的倍数。

12 345 679×10=123 456 790（缺8）

12 345 679 × 11=135 802 469（缺7）

12 345 679 × 13=160 493 827（缺5）

12 345 679 × 14=172 869 506（缺4）

12 345 679 × 16=197 530 864（缺2）

12 345 679 × 17=209 876 543（缺1）

乘数在19至26及其他区间（区间长度为8）的情况与此完全类似。

哈哈，缺8数是不是很有趣呀？

如果乘数超过81，乘积将至少是十位数，但"清一色"、"三位一体"、"轮休制"的现象依然存在。

如果乘数为9的倍数，如12 345 679×378（9的42倍）=4 666 666 662，

59

乘积的第一位4和最后一位2相加得6，还是"清一色"。如果乘数是3的倍数，但不是9的倍数，如12 345 679×276（3的92倍）=3 407 407 404，把乘积的第一位3和最后一位4相加得7，就出现了"三位一体"的现象。如果乘数是3k+1或3k+2（k大于27，3k大于81，不是3或9的倍数），如12 345 679×97（97=3×32+1）=1197 530 863，表面上看来，乘积中出现了雷同的1和3，但只要把乘积中的第一位和最后一位相加，就会发现这个乘

积中缺2，说明这时正好轮到2休息了。

另外，这个"缺8数"还有其他一些有趣的性质。

当乘数是19时，12 345 679×19=234 567 901，就像走马灯一样，原先打头的1跑到最后了，而原来居于第二位的2却成了开路先锋。其实，当乘数为一个公差等于9的算术级数时，"走马灯"的现象就会出现。

12 345 679×46=567 901 234

12 345 679×55=679 012 345

12 345 679×64=790 123 456

哈哈，这是不是"走马灯"呢？

更令人惊奇的是，缺8数还能"生儿育女"，而且这些后代也都具有它的特征。这个庞大家族的成员几乎都和12 345 679具有同样的本领。

例如，419 753 086是缺8数与34的乘积，可以说它是缺8数的一个"孩子"。现在，我们分别让它乘以3和9：

419 753 086×3=1 259 259 258；419 753 086×9=3 777 777 774。

你们看，"三位一体"和"清一色"的模式又出现在我们面前了。

"西西弗斯串" 黑洞

在希腊神话中，有一个科林斯国，这个国的国王西西弗斯因为触犯了众神，被众神惩罚，让他把一块巨石推到山顶，但因为巨石太重了，每当他快要推到山顶的时候就又滚落下去了，于是他只好重新再推，就这样他不断重复、永无休止地做着这件事。而著名的"西西弗斯串"就是根据这个神话故事来的。

所谓的西西弗斯串就是任意举出一个五位数，但注意不能举完全相同的数字，比如11 111或者22 222。

现在我们假设一个数为15 962，我们可以把它看成一个数字串。在这个数中，偶数的个数、奇数的个数和所有数字的个数为2、3、5。用这三个数又构成一个数字串235，对这个数再重复上面的操作，就可以得到1（偶数个数）、2（奇数个数）和3（总共为三位数）这三个数字。而再把这三个数字组合形成123，无论怎么进行，最后得到的都是123。这个程序相对于数的"宇宙"来说，123就是一个黑洞，一旦跌进去，再怎么都爬不出来。就像西西弗斯推的巨石一样，总也推不到山顶。

是不是每一个数串都会跌入123这个"黑洞"中呢？我们再找一个更

大的数来看看，假设48 956 237 856 428，好长的一个数哦！

按照上面的方法操作，我们可以得到9、5、14，这三个数组成9514，再重复上面的程序，最后还是得到123，看看，又掉进"黑洞"了！

刚才我们所列举的是五位数和多位数，其实三位数和四位数得到的结果也都是一样的，你可以尝试着做做看。

另外，除了123数字黑洞外，还有其他的数字黑洞。

从0到9中任意选出三个数字，比如7、2、6，将这三个数字按从大到小的顺序排列，得出一个最大的数762；按从小到大排列，得出一个最小的数267。用这个最大的数减去最小的数，762－267＝495。再把得到的这个新数重新排列，得到最大数954，最小数459，这两个数相减得到495。无论你再怎么重新排列，再相减，最后总会得到"495"这个数字黑洞。不信？你可以再举一个其他的三位数试验一下！

那么如果是一个四位数，是不是也会出现这种情况呢？我们来看一下，假设四个数字是6、4、8、2，按照数字递减的顺序排列，得到8642；

按照数字递增的顺序排列，得到2 468，把这两个数相减，得到6 174。然后不管你怎么重复去做，最后得到的数始终都会停留在"6 174"这个数字黑洞中。

苏联作家高尔基就曾经发现6 174这个数字非常奇妙，在他所著的《数学的敏感》这本书中，把6 174这个数叫作"没有揭开的秘密"。而在1949

年，印度的一位数学家卡普耶卡也对这组数字进行了研究，他把这个数叫作"陷阱数"。后来，人们就把这个问题称为"6174问题"，也叫"卡普耶卡变幻"。但是，现在我们知道了，其实它也是一个数字黑洞。

有的时候，这个数字黑洞不一定仅仅是一个数，可能会有好几个数，就像中国的走马灯玩具一样在那儿一直兜圈子。比如对于五位数，就

已经发现了两个"圈"，分别是（63 954，61 974，82 962，75 933）和（62 964，71 973，83 952，74 943）。

142857，金字塔中发现的神奇的数字

为什么说142 857这个数字神奇呢？我们先来看看下面这几个等式：

$$142\ 857 \times 1 = 142\ 857$$
$$142\ 857 \times 2 = 285\ 714$$
$$142\ 857 \times 3 = 428\ 571$$
$$142\ 857 \times 4 = 571\ 428$$
$$142\ 857 \times 5 = 714\ 285$$
$$142\ 857 \times 6 = 857\ 142$$

看一下它们相乘所得的积，发现什么了吗？没错，都是1、2、4、5、7、8这几个数字，只是把位置调换一下。

那如果把142 857与7相乘呢？我们会惊奇地发现，得出的数是：$142\ 857 \times 7 = 999\ 999$。而$142 + 857 = 999$，$14 + 28 + 57 = 99$。

现在我们再看看如果142 857和它本身相乘会出现什么结果：

$142\ 857 \times 142\ 857 = 20\ 408\ 122\ 449$，看这个积的前五位和

后六位相加，20 408+122 449=142 857。

　　有意思吧？这个数字发现于埃及金字塔内，证明了一个星期有7天，它自我累加一次，它的6个数字就依照顺序轮值一次。到了第七天，它们就放假了，然后由9去代班。数字越加越大，一个星期轮回一次，每个数字都需要"分身"一次。我们不用计算机去算，只要我们知道它们"分身"的规律，就可以知道继续累加的答案。

　　142 857×1＝142 857（原数字）

142 857 × 2 = 285 714（轮值）

142 857 × 3 = 428 571（轮值）

142 857 × 4 = 571 428（轮值）

142 857 × 5 = 714 285（轮值）

142 857 × 6 = 857 142（轮值）

142 857 × 7 = 999 999（放假由9代班）

142 857 × 8 = 1 142 856（数字内少了7，它分身为第一个数字1与尾数6）

142 857 × 9 = 1 285 713（4分身）

142 857 × 10 = 1 428 570（1分身）

$142\,857 \times 11 = 1\,571\,427$（8分身）

$142\,857 \times 12 = 1\,714\,284$（5分身）

$142\,857 \times 13 = 1\,857\,141$（2分身）

$142\,857 \times 14 = 1\,999\,998$（9也需要分身）

继续算下去……

你看，金字塔中的这个数字是不是很神秘呢？

雀鲷鹭怎么会如此守时呢?

　　在大海边上生活着各种各样的鸟,其中有一种名叫雀鲷鹭的鸟。它们有一个非常特殊的本领,就是它们每天飞往海边的时间总是要比前一天延迟50分钟。而这正好与海边退潮的规律相符合。后来经过研究发现,在雀鲷鹭的体内有着奇妙的生物钟,正是因为这个生物钟,它们才能每天都准时地来到海边,成为海滩上最早的食客。

趣味问答

生活中的数学小问题

在漫长的历史长河中，发生了许许多多和数学有关的事情，为人类的生活增添了斑斓的色彩，也给后人留下了宝贵的知识遗产。现在，我们就选取其中一些有趣的例子一起来感受一下吧。

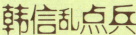

韩信乱点兵

小朋友们听说过中国的韩信吗？他可是一位厉害的人物。在汉朝，他是汉高祖刘邦手下的一员大将。他英勇善战，富有智谋，为朝廷立下了汗马功劳。

有一句话叫"韩信点兵，多多益善"，这里有一个小故事。

韩信不但善于用兵打仗，而且他还精通数学。有一次，韩信带领将士与楚军大将李锋交战，结果楚军败退回营。汉军也死伤不少，韩信整顿兵马准备返回大本营，但是刚行至一半路程，便有士兵来报，说有楚军骑兵追来。为了保住军事机密，不让敌人知道自己部队的实力，同时也为了稳定军心，韩信便把数学的知识用在了点兵之上。

他先命令士兵从1到3报数，然后把最后一个士兵所报的数记下。再让士兵从1到5报数，也把最后一个士兵所报的数记下。最后让士兵从1到7报数，又把最后一个士兵所报的数记下。这样，他很快就算出了自己部队士兵的人数，但是敌人和他手下的士兵却始终没有弄清他的部队到底还有多少名士兵。

韩信是怎么算出自己有多少士兵的呢？在做这道题之前，我们先考虑一下这个问题：如果士兵不到1万，每5人一列、7人一列、13人一列、17人一列，最后结果都剩下3人，那有士兵多少呢？

　　要想解决这个问题，只需要求出5、7、13、17的最小公倍数就可以了。经过计算，我们知道这四个数的最小公倍数是9945，因为还剩下3人，那总共的士兵人数就是9945+3=9948人。

　　在中国古代数学名著《孙子算经》中也有类似的题目：

　　今有物，不知其数，三三数之，剩二，五五数之，剩三，七七数之，剩二，问物几何？

　　这段话的意思是说，现在有一堆物体，但不知道它的数目，如果每3个一数，最后剩下2个；如果每5个一数，最后剩下3个；如果每7个一数，最后剩下2个。那这堆物体有多少呢？

　　这个问题是个不定方程问题，答案会有无数组。如果按照现代我们学到的解法，解起来是非常麻烦的。但是中国古代人民发明了一种算

法，解答这个问题非常出奇，也非常简单。有人把这个算法编成了一首歌谣，歌谣是这样说的：

　　三人同行七十稀，五树梅花二十一枝，七子团圆正半月，除百零五便得知。

　　可能我们看起来还是不太明白。在这首歌谣中，包含着70、21、15、105这四个数，只要把这四个数记住，那么上面的问题就能轻而易举地解答出来了。这种算法更为独特的是，它具有普遍的意义，只要是同一类的问题，都可以用这种算法来解答。

　　在《孙子算经》中，还对这种巧妙的算法做了解释。书中介绍说，凡是每3个一数，最后剩下1个，就取70；每5个一数，最后剩下1个，就取21；每7个一数，最后剩下1个，就取15。如果把它们加起来，得数大于105，就减去105，最后所得的数就是所有答案中最小的一个。

在上面那个问题中，每3个一数，最后剩下2个，那就应该取2个70；每5个一数，最后剩下3个，那就应该取3个21；每7个一数，最后剩下2个，那就应该取2个15。这样把这几个数相加，得到：

70×2+21×3+15×2=233

233要比105大，就要减去105，就得到233－105=128，但是128还是比105大，那我们还要再减去一个105，得到128－105=23。那这堆物体至少就有23个。

是不是很简单？这种奇妙的算法还有许多有趣的名称呢！比如"韩信乱点兵"、"鬼谷算"、"隔墙算"等等。虽然它给出的是这一类问题的非常简单的一般解法，却具有非凡的数学思想，对数学的发展具有重要的影响。

兰芬算灯

在中国，有一部著名的小说叫《镜花缘》。在这部小说中，作者写了100多个才女，她们多才多艺，有的琴棋书画样样精通，有的对医学星相深有研究，还有的对音韵算法比较擅长……这些才女中有一位精通算学的"山矾花仙子"，名叫米兰芬，在书中介绍了她计算灯数的故事。

宗伯府的女主人卞宝云邀请才女们到府中的小鳌山楼上观灯。哇，真是好漂亮啊！楼上楼下各种彩灯绚丽多姿。灯上装饰的大球和小球也五彩缤纷，就像天上的繁星一样，看得人眼花缭乱，很难数清到底有多少。卞宝云便请才女米兰芬算一下，看看楼上楼下到底有多少盏灯。

她对米兰芬说，楼上的灯有两种形状：一种是灯的上面有3个大球，下面缀有6个小球；还有一种是上面有3个大球，下面缀有18个小球。而楼下的灯也有两种形状：一种是灯的上面有1个大球，下面缀有2个小球；另一种是上面有1个大球，下面缀有4个小球。而楼上的大灯球一共有396个，小灯球有1 440个；楼下有大灯球360个，小灯球1 200个。现在问楼上楼下的四种灯各有多少盏？

米兰芬稍微想了一下，就回答道："先从楼下看，把小灯球的数量折半，就是600，减去大灯球的数量360，就可以知道缀有4个小灯球的灯有600－360=240盏。大灯球有360个，那缀有2个小灯球的灯就有360－240=120盏。"怎么样？小朋友你们算出来了吗？其实这种算法就是我们前面讲过的"鸡兔同笼"之法。你还记得吗？

那么用同样的方法，我们也可以算出楼上的两种灯各有多少盏了。把1 440折半，就是720，720－396=324，324÷6＝54，那缀有18个小灯球的灯就有54盏。396－54×3＝234，234÷3＝78，所以缀有6个小灯球的灯就有78盏。

米兰芬这样"噼里啪啦"地算了一通，把大家都给搞糊涂了，怎么也弄不明白。小朋友，你明白了吗?

丢番图的墓志铭

《算术》一书是古希腊的大数学家丢番图所著，一共有十三卷，他是古希腊最后一位大数学家。遗憾的是，关于他的生平，人们几乎一无所知。但是在这部书中却收集了很多有趣的数学方面的问题。每一道题的解法都非常巧妙，出人意料。学习这些解法，既可以开动脑筋，又可以启迪人们的智慧。所以，人们就把这些题目叫作"丢番图问题"。

这位大数学家去世之后，还和人们开了一个玩笑，在他的墓碑上刻下了一道有趣的数学题让人们解答，同时也把这道题作为自己的墓志铭。

他的墓志铭是用诗歌形式写成的，内容是这样的：

"过路的人！

这儿埋葬着丢番图。

请计算下列数目，

便可知他一生经过了多少寒暑。

他一生的六分之一是幸福的童年，

十二分之一是无忧无虑的少年。

再过去七分之一的年程，

他建立了幸福的家庭。

五年后儿子出生，

不料儿子竟先其父四年而终，

只活到父亲岁数的一半。

晚年丧子老人真可怜，

悲痛之中度过了风烛残年。

请你算一算，丢番图活到多大，

才和死神见面？”

那你算一算，丢番图到底活了多少岁？

这道题我们可以采用列方程的方式来解答，这样就非常容易了。

假设他活了x岁，那我们根据他的墓志铭的内容，就可以列出下面这个等式：$\frac{1}{6}x+\frac{1}{12}x+\frac{1}{7}x+5+\frac{1}{2}x+4=x$

所以，很快我们就可以算出丢番图活了84岁。

在丢番图之前，古希腊的数学家们都习惯采用几何的方法去解答所有遇到的数学难题。但丢番图却很特别，他比较喜欢用代数的方法来解决。我们现在在解方程式中所学的基本步骤，比如移项、合并同类项等，丢番图在那时就已经知道了。他最擅长的就是解不定式方程，而且还发明了很多解法。西方数学家把他称为代数的开山鼻祖。

他的这段奇特的墓志铭写得非常巧妙，提醒前来瞻仰他的人们不要忘记丢番图为数学所做的贡献。而谁要想知道他的年龄，就必须解出一个一元一次方程。

为了纪念丢番图为数学所做的贡献，人们把只有加法、乘法或者乘方，系数是整数的不定方程，称为"丢番图方程"。

全体数字向我朝拜

诺伯特·维纳是美国著名的数学家。他小的时候就智力超群，被人们认为是神童。根据他的自传《昔日神童》中的介绍，他在3岁时就能读书写字，7岁的时候就能阅读和理解但丁与达尔文的著作，14岁大学毕业。几年之后，他又通过了博士论文答辩，成为哈佛大学的数学博士。

在博士学位授予仪式上，执行主席看到维纳非常年轻，一脸稚气，便吃惊地问他："请问阁下今年多少岁了？"维纳并没有直接回答主席

的问话，因为他是数学天才，所以他的回答非常巧妙："我今年岁数的三次方是四位数，四次方是六位数，如果把这两个数合起来，则0、1、2、3、4、5、6、7、8、9这十个数就全都用上了，这说明全体数字都在向我朝拜，预祝我能在将来的数学领域中有一番大的作为。"

在场的人听到维纳的话后，都大吃一惊，被他的这道数学题深深地吸引了，大家都在纷纷议论研究，他的年龄到底是多少。

其实这个问题也不难，只要用排除的方法就可以解决。

因为年龄肯定是两位数，那21的三次方是9 261，是个四位数，符合维纳说的第一个要求；22的三次方是10 648，这是个五位数，不符合要求，所以维纳的年龄一定在22岁以下。

再来看看第二个条件，年龄的四次方是六位数。他14岁从大学毕业，经过计算我们可以知道，15、16、17的四次方都是五位数，不符合条件，被排除。这样维纳的

年龄就只能是18、19、20、21这四个岁数中的一个。

第三个条件是，四位数和六位数合起来正好把0到9这十个数都用上了。我们通过计算可以知道，20的三次方是8 000，19的四次方是130 321，21的四次方是194 481，这里都有重复的数字，因此被排除掉。那就只剩下18了，我们来看一下，18的三次方是5 832，四次方是104 976。看看，维纳说的三个条件都符合。就像维纳所说的，10个数字都向他朝拜呢！

百钱买百鸡

大约在中国南北朝的时候，曾出现过一个神童。他在数学方面非常有天分，即使有些大人都难以解答的问题，他也能一下子就算出来，因此远近闻名，很多人都喜欢和他谈论数学。

88

神童的名气很快传到了当朝宰相的耳朵里。宰相心想，一个小小的孩子，哪能如此厉害？于是宰相决定要好好考考他。他把神童的父亲叫到宰相府，给他100文钱，让他第二天要带100只鸡来，而且在这100只鸡中，既要有公鸡，还要有母鸡和小鸡，并且数量要正好100只，不能多也不能少，一定要百鸡百钱。

按照当时市场上的价格，1只公鸡要5文钱，1只母鸡要3文钱，3只小鸡要1文钱。神童的父亲回到家，想了半天，也不知道怎么办才好。因为给宰相办事，如果办不好是要获罪的。神童看见父亲愁眉不展的样子，就问父亲怎么回事，父亲就把宰相交代的事情说了一遍。神童听后想了一会儿，就告诉父亲，不要着急，这件事不难办，只要给宰相买4只公鸡、18只母鸡和78只小鸡拿去就行了。

我们看看神童说的这些鸡一共有多少只，多少钱：4+18+78=100只，$4×5+18×3+(78÷3)=100$文。

第二天，神童的父亲按照神童说的把鸡给宰相送去了。宰相看后不由得大吃一惊，决定再来考考神童。他又交给神童的父亲100文钱，让他明天再送100只鸡，但其中不能只有4只公鸡。

这次又没有把小神童难倒，他想了一下，让父亲送去了8只公鸡、11只母鸡和81只小鸡，并交代父亲，如果宰相再为难他，就"这样这样"做就行了。

宰相看到这100只鸡后，觉得神童的确和传说的一样，他赞叹了一番，然后又给神童父亲100文钱，让他再送100只鸡，而且不能和前两次

的一样。但令他没想到的是，神童的父亲没等到第二天，而是很快就把鸡送来了，有公鸡12只、母鸡4只、小鸡84只，也满足百钱百鸡。

其实，这个神童就是中国著名的数学家张邱健，这个"百钱买百鸡"的题目就被他记录在他的名著《张邱健算经》中。

而现在，如果我们学了方程组，很快就可以把这个问题解决了，但是在当时，人们还不知道有方程组，那张邱健是怎么算出来的呢？

原来，他发现这个问题中有一个小秘密：4只公鸡要20文钱，3只小鸡要1文钱，总共需要21文钱，鸡数是7只；而7只母鸡也是需要21文钱。如果少买7只母鸡，那就可以多买4只公鸡和3只小鸡。这样，百鸡仍是百鸡，百钱仍是百钱。所以只要解答出一个答案，就可以推出很多种其他的答案。因此宰相才难不倒他。

庞贝古城

　　庞贝古城曾经是古罗马时期一座非常繁华的城市，但后来不幸被突然爆发的维苏威火山给吞没了。后来，就有人以这座城市出了这样一道数学题：

　　庞贝古城从它全盛时期到火山爆发被吞没，正好是横跨公元前后相同的年数。人们并不知道以前有这样一座古城，在挖掘的那年，才发现它已经被湮没了1 669年。挖掘工作总共持续了212年，到挖掘工作结束，证实了与庞贝古城最繁华的时期已经相距2 039年了。那么，庞贝古城全盛时期是在哪一年？它被火山爆发吞没又是在哪一年？那挖掘工作是从哪一年开始，哪一年结束的呢？

现在，你就动脑筋思考吧。想出答案后，再看看和我告诉你的答案一致吗？做的方法一样吗？谁的更简单一些呢？

其实，这个问题我们可以用方程来解答，这样会更简单一些。

首先，我们假设庞贝古城的全盛时期是在公元前x年，这个题目告诉我们，它从全盛时期到被火山湮没正好是横跨公元前后相同的年数，所以，它被火山湮没时正好是公元后x年，那它从全盛到被湮没总共就是2x年。

因为挖掘时它已经被湮没了1 669年，挖掘工作持续了212年，而挖掘时期结束的时候，距离古城繁华的时期已经相距2 039年了，所以我们可以得出：

$1669+212+2x=2039$

这样就可以知道x为79。也就是说庞贝古城繁华的时期是在公元前79

年，被火山爆发湮没的时候是在公元后79年。

而挖掘工作开始那年距离古城湮没已经有1669年了，所以挖掘工作开始的那一年就应该是79+1 669=1748年，也就是说挖掘工作是在1748年开始的。

挖掘工作持续了212年，所以结束的时间就是1 748+212=1960年。

因此，这个问题的答案就出来了：庞贝城全盛时期为公元前79年，火山爆发把它湮没在公元后79年，挖掘工作从公元1748年一直延续到1960年。

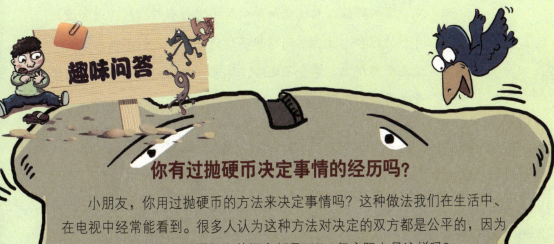

你有过抛硬币决定事情的经历吗？

小朋友，你用过抛硬币的方法来决定事情吗？这种做法我们在生活中、在电视中经常能看到。很多人认为这种方法对决定的双方都是公平的，因为硬币落下后，正面和反面朝上的概率都是50%。但实际上是这样吗？

硬币在落地时能够立在地上的可能性是很小的，但还是存在。另外，我们把这种可能性排除后，那就是或者正面朝上，或者反面朝上。但经过测试发现，如果用常规的方法抛硬币，开始抛硬币时朝上的那一面，在落地时仍朝上的概率大概是51%。

之所以会出现这种情况，是因为在抛硬币的时候，用大拇指轻弹，有时硬币就不会发生翻转，它只会像一个颤抖的飞碟那样升上去，然后再落下来。所以，在以后要用抛硬币的方法来决定事情时，你就要看好抛硬币人的手上的硬币是哪一面朝上，这样你猜对的概率肯定比对方高一些。但如果抛硬币的人是握着硬币，又把拳头调个方向，那你就应该选择与开始时相反的那一面了。

利用数学也可以做游戏

数学的作用并不只是在于进行复杂的演算，解决生活中遇到的实际问题，还在于能给我们提供一些有趣的智力游戏。有的时候，对这些简单的数字进行有效排列，或者进行奇妙的组合，就能达到意想不到的效果。我们不妨来试一下这几个游戏吧，学会了之后，你可以把它们展示给你的同学或者家人，让他们也见识一下你的厉害！

不告诉我你的出生年月我也能算出你的年龄

如果知道一个人的出生年月，我们就可以推算出这个人的年龄。但是现在，即使我不知道你的出生年月，同样可以算出你的年龄。听起来很神奇吧？现在就让你来见识一下我的本领吧，但你要按我说的去做哟。

首先，你从0至7这几个数中挑选出一个数，来表示你每周想出去玩的天数。

假设你选择了5，现在，我们用这个数乘以2，得到了10。然后再加上5，得到15。再用15乘以50，得到750。我们把这个数记住。今年（以2008年为例）你的生日

过了吗？如果过了，就在750这个数上加1 759，得到2 509；如果没过，就在750这个数上加1 758，得到2 508。

最关键的时刻到了。现在，你在心中用这个数减去你出生的年份，看看得数是多少？

509？那你现在就是9岁，对不对？肯定没错，你是1999年出生的。前面的5是你每周想出去玩的天数，后面两位就是你的年龄了。

你可以亲自试试，肯定没错。

哈哈，其实这中间包含着一个技巧。按照上面的步骤，我们把这个式子列出来就是：

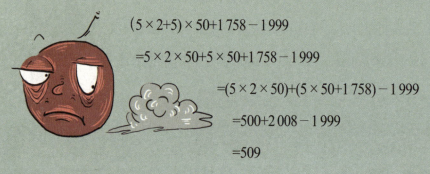

$$(5 \times 2+5) \times 50+1\,758-1\,999$$
$$=5 \times 2 \times 50+5 \times 50+1\,758-1\,999$$
$$=(5 \times 2 \times 50)+(5 \times 50+1\,758)-1\,999$$
$$=500+2\,008-1\,999$$
$$=509$$

看出什么来了吗？在第三个等号后面，500其实就是一个常数，不管你选择出去玩的天数是几，在这里都会是一个100的倍数。第四个等号后面的2 008表示的是你的生日还没有过，所以算作去年；如果生日过了，这个数就是2 009，这个数也是不变的。所以减去你的出生年份，得到的就是你的年龄。没错，它就是用了一系列迷惑人的数字来替换的常数，现在你明白了吧？

我们把这个式子用字母来代替一下，你会看得更明白：

今年没过生日：$(2x+5) \times 50+1\,758 -$ 出生年

$=100x+2\,008 -$ 出生年$=xab$(其中x表示你出去玩的天数，ab表示你的年龄)

今年已过生日：$(2x+5) \times 50+1\ 759-$ 出生年

$=100x+2\ 009-$ 出生年 $=xab$（其中x表示你出去玩的天数，ab表示你的年龄）

这个秘密我只告诉你一个人，可千万别让其他人知道喽，这样有伙伴来找你玩的时候，你就可以表演给他们看，他们一定会认为你是"小神仙"的！

扑克牌中也有数学游戏

你喜欢玩扑克牌吗？可能平时妈妈不会允许，因为它带有赌博的性质，也会耽误我们的学习。但如果抛开赌博这个因素，扑克牌中也包含着数学游戏。

大家都知道扑克牌有54张，其实它和天文历法还有一定的联系呢。把其中的大小王牌去掉，还剩下52张，这代表一年有52个星期。大王代表的是太阳，小王代表的是月亮。一副牌中有4个花色，分别是红桃、黑桃、方块和梅花。这四种花色代表四季。红桃和方块代表白天，黑桃和梅花代表黑夜。在这四种花色中，每一种花色共有13张牌，代表一个季度大约有13个星期。13张牌的点数加到一起（A、J、Q、K分别代表1点、11点、12点、13点），正好是91，代表一个季度基本上是91天。4种花色的点数加起来一共是364，把小王算作1点，就是365，是一年的天数；如果再加上大王的1点，就是366，那就是闰年的天数。J、Q、K一共有12张，表示一年有12个月，又表示太阳在一年内经过12个星座。

了解了这么多扑克牌的知识，我们再来看看它的玩法。

玩扑克就会有输有赢。要想成为赢家，不但要靠运气，还要靠技术。扑克牌有很多玩法，现在就告诉你一种曾经在美国和日本都很流行的玩法：24点。

拿出一副扑克牌，把两张王牌去掉。然后把A、J、Q、K分别看作1点、11点、12点、13点，也可以把它们全部看作1点。剩下的那些牌数字是多少就算作多少点。

现在我们开始介绍玩法。

要有四个人一起玩，每人抓13张牌，然后每人每次从这些牌中抽出一张。四个人对这四张牌进行加减乘除运算，可以利用括号，总之要让结果等于24点。

举个例子来说：假如这四张牌分别是3、K、2、3，那么13+3×3+2=24。当然这种解法并不是唯一的，还可以运用其他的方式求得。这样谁先列出式子，谁就得1分。如果这四个人都没有列出来，就都不得分，再把四张牌放入底牌，继续重复前面的步骤进行，直到把手中的13张牌全部用完。最后谁得的分多谁就赢了。怎么样？好玩吗？

要想赢得比赛，不是一味地硬拼硬算，这样会算得很慢，一定要懂得技巧。也就是说，在这种玩法中，我们一定要清楚24都由哪两个数得到。小朋友，快动脑想想，你能想出多少种呢?

如果是用乘法，那就有$2 \times 12 = 24$，$3 \times 8 = 24$，$4 \times 6 = 24$；如果是加法，就有12+12=24，4+20=24，6+18=24……这样，我们就把4个数转化为2个数的运算了，计算起来就容易很多。

以上我们列举的是4个数不相同的情况，那如果4个数都相同，有哪些式子可以算出24呢?

如果四个人都抽出的是1点，因为数太小，无论怎么算都不可能得出24，2也是一样。而从7到13，因为数太大，也不可能得出24（如果不信，你可以试一下哦）。现在就只剩下从3到6这4个数了。

运用12 + 12 = 24，我们可以得出$(6 + 6) + (6 + 6) = 24$；

运用20 + 4 = 24，我们可以得出$4 \times 4 + 4 + 4 = 24$；

运用25 − 1 = 24，我们就可以得出$5 \times 5 - 5 \div 5 = 24$；

运用27 − 3=24，我们就可以得出$3 \times 3 \times 3 - 3 = 24$。

还有一种情况，就是抽出的四张牌正好是1至9中从小到大连续排列的四张，比如抽出的是3、4、5、6，这样能算出24吗？现在就请小朋友们自己去试一下吧。

其实凑成24点的方法很多，重要的是我们掌握一定的技巧。

莱氏数学游戏

前面介绍的两种数学游戏你喜欢吗？其实很多人都非常喜欢数学游戏，你知道俄国有个大诗人叫莱蒙托夫吗？他就是其中的一位。他在服兵役的时候，有一次给周围的军官做了一个数学游戏，深受他们的喜欢。

他先让一个军官想好一个数，但不要告诉别人，然后用这个数加上

25，在心里默默算好之后，再加上125，然后减去37，算出的结果再减去原来想的那个数，再把结果乘以5再除以2。最后，莱蒙托夫对那个军官说：答案是282.5。那个军官听了非常惊奇，立即又让另一个军官再玩一遍，结果都被莱蒙托夫说对了，而且他计算得又快又准。

你知道其中的道理是什么吗？现在我们来揭开这个谜底。

假设军官所想的数字是z，那按照莱蒙托夫的算法，我们把式子列出来就是：

$(z+25+125-37-z) \times 5 \div 2 = 282.5$

在这个式子中，你发现问题没有？其实莱蒙托夫已经偷偷地把原来那个数减去了，所以在这个式子中并不存在未知数，无论军官默想出来的数字是多少，都不会影响到莱蒙托夫的计算结果，所以他只需要把已经计算好的答案说出来就行了。至于他第二次、第三次的表演之所以还能成功，那就需要他下点功夫了。也就是说，出题的人在一边出题，一边计算，但只要没有人发现那个秘密就没问题。

越活越"年轻"

你今年几岁了？假如是10岁，那明年就是11了。我们每个人的年龄都是过一年加一岁。但是在东南亚有一个奇怪的小岛，为什么说它奇怪呢？就是那里的人从出生的那天开始，就是60岁，然后过一年减一岁，直到零岁，如果还没有去世，就再加10，仍然是过一年减一岁，直到死去为止。

有这样一个外地人，在21岁的时候到了这个

岛上，认识了岛上的一位居民，他们成为了好朋友，这个居民在小岛上的时候也是21岁。而外地人在回去之后非常想念他的朋友，于是在过了21年之后，他又第二次来到岛上。遇到那位居民的儿子，正好也是21岁，而那位居民刚刚去世。

现在如果按照我们正常计算年龄的方法，你能算出那位岛上的居民是多少岁死去的吗？那他的儿子现在应该是多大呢？

乍一看这个题目好像非常复杂，但仔细分析一下，其实并不难。因为在岛上的时候，刚出生是60岁，外地人是在他21岁的时候遇到他的，所以按照正常的年龄他现在是39岁，过了21年他去世了，那他死去时的年龄就应该是39+21=60岁。在外地人第二次去岛上的时候，居民的儿子正好是21岁，那也就是说，他的年龄实际上应该是60－21=39岁。

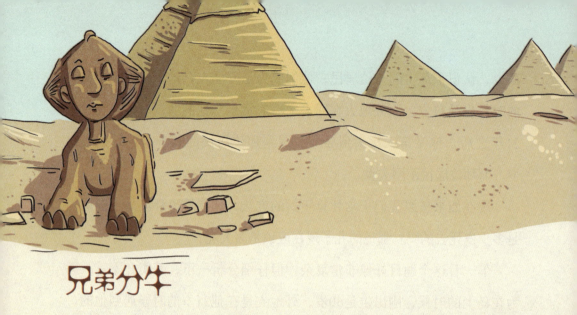

兄弟分牛

据传，在古代，人们曾把一些动物当作神明来看待。比如中国人比较喜欢龙，但据说龙是蛇演化而来的，因为造人的神明女娲娘娘就是人首蛇身。而埃及人则把猫作为神圣的月亮和富裕女神的化身，顶礼膜拜。如果谁家的猫死掉了，全家人都要把头发剪掉，把眉毛剃光，表示对猫的哀悼。要是谁把猫杀了，即使是无意的，也不可以，是要处以极刑的。

而在印度，人们把牛奉为神。即使牛横冲直撞，把庄稼践踏

得不成样子，人们也不敢干涉。如果有人去屠宰牛，那他就是脑袋出了问题，犯下了滔天大罪。

正因为这样，在印度还流传着一个关于分牛的有趣的故事。

据说在很久很久以前，有一个老人得了重病，一天比一天严重。他知道自己很快就要离开人世了。于是，有一天，他把三个儿子叫到自己的床边，立下了一份遗嘱。在遗嘱中，他交代三个儿子可以把他的17头牛分掉，但是并没有说明哪个儿子具体分多少头牛，只说大儿子要得到总数的1/2，二儿子要得到总数的1/3，而三儿子只能得到总数的1/9。

很快，老人就去世了。兄弟三人把老人埋葬后，就开始商量分牛的事情。最初他们以为这是一件非常容易的事情，但是分的时候才发现，按照老人的遗嘱根本没法分。因为17的1/2是8.5，17的1/3以及17的1/9都不是整数。如果要这样分，就要把两头牛杀掉，但是在当时的印度，这是绝对不可以的。就算他们把两头牛偷偷杀了，分完之后还会剩下一部分，那剩下的这部分又怎么办呢？

兄弟三人犯难了，商量了半天，也没有想出好办法。最后他们决定去找个有学问的人请教。但那些有学问的人听了遗嘱中这个分牛的办法也都直摇头。

终于有一天，一位老农牵着牛从兄弟三人的门前经

过，听到他们唉声叹气的，就问他们是怎么回事。兄弟三人就把老人的遗嘱讲了一遍。老农听完，想了一会儿，就说："其实这件事情根本不像你们想象的那么难，这样吧，我把这头牛借给你们，你们把它加上，然后再按照遗嘱中的分法去分，分完之后再把这头牛还给我就行。"

兄弟三人听了老农的话，糊涂了，为什么加一头牛进去就能把问题解决呢？到最后还能把他的牛还给他？但因为没有别的办法了，他们决定按照老农的方法去试一下。结果怎么样？当然是分好了。你看，加上老农的一头牛一共就有18头牛，老大分得总数的1/2，就是9头；老二分得总数的1/3，就是6头；老三分得总数的1/9，就是2头。好奇怪，9+6+2=17，剩下的一头正好原封不动地还给了那位老农。

这个难住了很多学者的问题，怎么就在这变魔术般的一借一还中，干脆利落地解决了呢？现在，你们开动脑筋想一想吧！

还是原来的数

现在你写出任意一个三位数，比如584，然后把这个三位数再重复一遍，组成一个六位数，就变成584 584。

将这个六位数除以7，把所得的数再除以11，然后再除以13，你发现了什么？

我们看一下：

584 584÷7=83 512

83 512÷11=7 592

7 592÷13=584

咦，这个数不是你原来写的那个三位数吗？

你可以再举一个例子试试看。这时小朋友可能会担心，万一我选的数重复组成的那个六位数，被7除，再被11、13除，万一除不尽怎么办呀？放心，不会出现这种情况的，如果出现，那一定是你哪个步骤出错了。

你知道为什么吗？原来，把一个三位数重复一遍，就等于把它乘了1001。比如刚才我们举的例子：

584 584=584 000+584

=1 000×584+1×584

110

$=1001 \times 584$

而$7 \times 11 \times 13=1001$，看到了吧？所以把一个三位数重复一遍组成六位数后，再除以7，除以11、13，一定会得到原来的那个三位数，而且都能除尽。

这样的数字排列是不是很神奇?

下面这两组数字，看着是不是觉得非常有趣啊？你不妨拿起笔来演算一下，然后记住，用的时候就省劲了。

从1到9变成从9到1：

$1 \times 8+1=9$

$12 \times 8+2=98$

$123 \times 8+3=987$

$1234 \times 8+4=9876$

$12345 \times 8+5=98765$

$123456 \times 8+6=987654$

$1234567 \times 8+7=9876543$

$12345678 \times 8+8=98765432$

$123456789 \times 8+9=987654321$

数字序列变为1字序列：

$1 \times 9+2=11$

$12 \times 9+3=111$

$123 \times 9+4=1111$

$1234 \times 9+5=11111$

$12345 \times 9+6=111111$

$123456 \times 9+7=1111111$

$1234567 \times 9+8=11111111$

$12345678 \times 9+9=111111111$

$123456789 \times 9+10=1111111111$

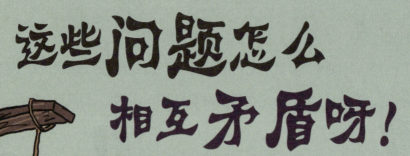

这些问题怎么相互矛盾呀！

在数学中，有一种很有意思的理论，叫作悖论。悖论就是按照一个特定的前提，以一个特殊的逻辑推导出相互矛盾的结论，但表面上又能自圆其说的命题或理论体系。悖论的成因极为复杂且深刻，对悖论的深入研究有助于数学、逻辑学、语义学等理论学科的发展，因此具有重要意义。但是，我们要理解起来可能就觉得很抽象，还是借助几个事例来加深我们的理解吧。

聪明的奴隶是怎么逃过砍头的？

从前，有一个奴隶主抓到了一个试图逃跑的奴隶，想把他处以死刑，但为了表示他的仁慈，便假惺惺地对这个奴隶说："你必须说一句话，如果说的是真话，就对你使用绞刑；如果说的是假话，就把你砍头。"

看来，这是奴隶主故意刁难这个奴隶的。因为，不管这个奴隶说的是真话还是假话，都会难逃一死。但是，这个奴隶非常聪明，他说了一句话，使得奴隶主不得不免去他一死。那么，这个奴隶说的是一句什么话呢？

原来，这个奴隶说："你把我的头砍了吧！"

为什么奴隶主听到这句话就要免去这个奴隶的死刑呢？我们按照奴隶主提出的特定前提对奴隶所说的这句话进行分析：

如果奴隶主真把这个奴隶的头砍了，那么奴隶的话就

应验了，是真话。可是奴隶主规定，真话是处以绞刑，不是砍头。这样的话，奴隶主砍这个奴隶的头是错误的。

如果奴隶主对这个奴隶处以绞刑，那么这个奴隶所说的话就成了假话。按规定，假话是应该砍头的。那么奴隶主绞死他又是违反规定了。

这就是这句话中蕴含的悖论。没有办法，奴隶主最后只好免去了这个奴隶的死刑。

跑得最快的人永远追不上乌龟吗？

古希腊神话故事中有一个人物，叫阿基里斯，他擅长奔跑，传说是地球上跑得最快的人。

但是，有一位智者却说："如果把一只乌龟放在阿基里斯前面100米的地方，然后让他们同时开跑，那么，阿基里斯就永远追不上乌龟。"我们都知道，乌龟跑步的速度那可是相当的

慢啊，像阿基里斯这样一个善于奔跑的人怎么可能追不上它呢？对于这个问题，智者是这样解释的，我们不妨也来听听其中的道理。

　　智者是这么说的：假设乌龟在阿基里斯前面100米，而阿基里斯的速度是乌龟的10倍，让他们两个同时开跑。当阿基里斯跑完他与乌龟之间的100米的时候，乌龟又向前爬了10米；等阿基里斯追上这10米，乌龟又向前爬了1米；等阿基里斯再追上这1米时，乌龟又走了0.1米……阿基里斯要追上乌龟，就要先走完乌龟刚走的路程。这就是说，阿基里斯和乌龟之间的距离会越来越短，无限接近，但是因为这个距离永远都不会是0，所以，阿基里斯和乌龟之间永远都存在着一定的距离。这样一来，阿基里斯不就永远追不上乌龟了吗？

　　理论上讲，智者的这个解释有一定的道理。但是，我们都参加过或者看到过赛跑，我们知道，跑得快的人会追上并超过跑得慢的人。所以，这就是悖论的趣味和奥妙所在。这位智者

就是古希腊著名的哲学家芝诺，这个悖论叫作"芝诺悖论"。

中国古代的庄子有一句名言："一尺之棰，日取其半，万世不竭！"意思是一根长一尺的木棒，每天取下前一天所剩下的一半，一万年也取不完。其中的道理和芝诺悖论不谋而合。

阿拉丙的藏宝箱里有什么秘密？

传说，阿拉丁有一个哥哥，叫作阿拉丙。这个阿拉丙做生意发了财后，开始周游世界。有一天，他来到欧洲的一个国家旅游，偶然间，

捡到了一张藏宝图。根据这张藏宝图显示，有一批数目巨大的宝藏埋藏在中国的某个山洞里。阿拉丙欣喜若狂，于是决定来到中国寻找这批宝藏。功夫不负有心人，在历经了千辛万苦之后，阿拉丙终于在中国找到了那个埋着宝藏的山洞。这个山洞里面放着两个奇怪的大箱子和一张字条。阿拉丙看到字条上写着："这是我生前珍藏的黄金，只装在其中的一个箱子里，另一个箱子里布满机关。我要把黄金留给有智慧的人。如果你有智慧，相信这个问题难不住你。不过要是你没有智慧，听我的劝告，还是早点离开吧。因为开错了箱子，你就会中机关而送命的。"落款是"黄金老人"。

这时候，阿拉丙才注意到，原来两个箱子上面也分别贴着字条。

甲箱上面的字条写的是："乙箱上的字条是真的，而且黄金在乙箱。"

乙箱上面的字条写的是："甲箱上的字条是假的，而且黄金在甲箱。"

这一下，阿拉丙有点犯难了，他不知道应该打开哪个箱子好了。如果你是阿拉丙，你会决定打开哪一个箱子呢？

后来，阿拉丙坐下来开始思考这个问题，他想到两个答案。

一个答案是：打开乙箱。他是这样分析的：

假设甲箱上的字条是真的，那么，它所陈述的内容就是真的，说明乙箱上的字条说的是真的。而乙箱上的字条写的却是"甲箱上的字条是假的"，这就违反了最初的假设，所以这个条件就不能成立。

由此可推论出甲箱上的字条是假的，至少"乙箱上的字条是真的"和"黄金在乙箱"其中有一个陈述是假的。

如果"乙箱的字条是假的"这个条件成立的话，那么就表示甲箱上的字条是真的（已经证明不成立），于是，黄金一定在乙箱。

另一种答案：没有答案。这是怎么回事呢？让我们来看看阿拉丙是怎么分析出来的。

假设甲箱上的字条是假的（真的已推导出不成立），那么甲箱上的话就应该理解为"乙箱上的字条是假的，而且黄金在乙箱"，而乙箱上的字条写的却是："甲箱上的字条是假的，而且黄金在甲箱。"所以，就和甲箱上的推论相矛盾，那么，也不成立。

同样的道理，我们以乙箱作为假设的条件，分别设定它上面的字条是真、是假，得到的结论也都是不成立，你可以试着推导一下看看。

所以，这是一道使人逻辑混乱的题，根本就找不到答案。

阿拉丙无奈之下，只好悻悻地离开了。

呵呵，怎么样，有点晕吧！

说谎者悖论

在我们平时的生活当中，我们的父母是不是

经常告诉我们说，要做一个诚实的孩子，不要说谎啊？那你们是按照父母说的去做的吗？我们先不讨论这个问题，提到说谎，我们先了解一下著名的"说谎者悖论"。

　　早在2 500多年前，克里特哲学家艾皮米尼地斯说："所有克里特人都是说谎的人。"

　　虽然这只是短短的一句话，但却一直困扰着哲学家、数学家和逻辑学家们。我们假设这是一句真话，那就是说，所有的克里特人说的都是假话，但是，说这句话的艾皮米尼地斯本身就是克里特人，因此，他说的话也应该是谎话。谎话就不是真话，于是这句话的内容也是假的，与我们刚刚假设这句话是真话相矛盾；反过来看，我们假设这句话是一句假话，就可以得出这样一个结论：并不是所有的克里特人都是说谎的人，其中某些人是说真话的。这就形成了一种逻辑矛盾。

　　在中国古代也有一句十分相似的话："以言为尽悖，悖，说在其言。"意思是说，以为所有的话都是错的，这是错的，因为这本身就是一句话。

说谎者悖论有许多形式，我们不妨再来了解一个例子，而且，这个例子比较特殊，你可以拿来和周围的朋友一起分享一下。比如，你可以对别人说出你的预言："你下面要讲的话是'不'，对不对？要用'是'或者'不'来回答!"

如果对方回答说："不！"那表明他不同意你的预言，也就是说他应说"是"，这样与他的本意相矛盾。如果他回答说："是!"这意味着他同意你的预言，那么他要说的话就应当是"不"，于是又产生矛盾。

这样是不是很好玩啊？

还有一个有趣的例子，说的是一个虔诚的教徒，在一次当众宣讲教义的时候说："上帝是无所不能的，什么事都能做得到。"这时候，一位过路人问了他一句话："上帝能创造一块他自己也搬不动的大石头吗?"这个教徒顿时张口结舌，回答不上来了。

你知道这句话中包含的悖论吗？

强盗的难题

悖论能激发人们的求知欲望和缜密的思考。悖论的解决又往往可以给人带来全新的观念。如下面这个关于强盗与商人的悖论：

从前，有一伙凶恶的强盗拦路抢劫了一个商人，他们把这个商人捆在树

上，准备杀掉。凶残的强盗首领为了戏弄一下这个商人，对他说："你仔细听好了，我给你出一道题，如果你答对了，我就放了你，如果你答错了，哼哼，我就杀掉你。我要出的题目是'我会不会杀掉你？'"

这个商人吓得浑身发抖，但他马上就冷静下来，想了一会儿，回答说："你会杀掉我的。"这下子，强盗首领发呆了。如果杀掉商人，那么商人就是回答对了，那应该放了他才是；如果把他放了，那就是回答错误，应该杀了才是！强盗首领没有想到自己被商人的回答难倒了，转念一想，这个商人也是一个聪明人，就把他放了。

通过前面对悖论的认识，你明白这个商人是怎样利用悖论使强盗首领无论怎么做，都会与承诺相矛盾了吗？如果这个商人不是这样说，而是说："你会放了我的。"那么，他就真的死定了。因为，强盗首领会说："你答错了，我要杀了你！"从而把他杀掉了。

还有一个类似这样的悖论，一条鳄鱼抓到了一个小孩，它对孩子的妈妈说："我会不会吃掉你的小孩？答对了，孩子还给你；答错了，我就吃了他。"妈妈的答案是："你会吃掉我的孩子。"然后鳄鱼就把小孩放了。

意想不到的老虎

从前，在一个古老的王国里面，有一名勇士因为犯了一个小错误，遭到国王的记恨。国王想用一个特殊的方式惩罚他。

国王叫人把这个勇士带到一个驯兽的场地里，对他说："这个场地有五扇门，但只有一扇门后面有老虎。如果你能把老虎打死，我就赦你无罪。但是，哪扇门后面有老虎，只有打开门之后才知道，老虎会在你的意料之外出现。而且，你要从第一扇门开始，依次

开门。"说完就把勇士一个人放在这里，其他人都走了。

勇士看了看这五扇一模一样的门，并不知道老虎在哪扇门的后面。但是他转念一想：

"如果我打开了四个空门，那么老虎就一定在第五个门里出现。可是，国王说老虎会在我的意料之外出现，所以第五个门后不可能有老虎。

"五被排除了，那么老虎必然在前面四个门当中的一个的后面。要是我打开了前面三个门都没有，那老虎必定在第四个门后。可是，这样它同样是在我的预料之中啊，那四也应该被排除了。"

按照同样的推理，勇士一一证明了老虎不可能在第三、第二和第一个门后。他开始得意忘形，冒冒失失地去打开这些门。结果，老虎从其中的一个门后跳出来，直接把勇士扑倒在地。这完全是出乎勇士的意料之外的，国王遵守了他的诺言。

这就是逻辑学上有名的"推理悖论"。

那么，勇士的推理究竟错在什么地方呢？

假如这个勇士推理的第一步是正确的，也就是

说，那只老虎不可能在最后一扇门后面。要是承认这是个严格的推理，那么勇士其余的推理也就会跟着成立。但是，勇士根本没有充分的证据推论最后一扇门后面没有老虎，也就不能推论出老虎没有在任何一扇门之后。

服务员应该先敲哪个门？

在招待所住着各国来的小朋友。房间的门上写着国家的名字：101房间是"印度"，102房间是"韩国"，103房间是"印度、韩国"。可是实际上完全搞乱了。那天，每个房间有1人去开会，留1人在房间里。聪明的服务员应该首先敲哪个房间的门，才能知道3个房间实际住的情况呢？

你们知道答案吗？让我们来看一下：

服务员应该先敲103房间的门，因为如果住的和门上写的不一致，那么103房间实际住的必然全是印度人，或者全是韩国人。即使房间里只留1人的话，也是可以知道的。假如是韩国人，那么就可以推断101房间是印度人、韩国人，102房间是印度人。

趣味问答

127

日常生活中的趣味计算

　　在日常生活当中，我们每天都要不可避免地应对一些数字和计算，有些人把这看成是不得不面对的头疼的问题，也有些人热衷于这些计算，并把它们看成是非常有趣的事情。事实上，数学并不是那么枯燥乏味，只要我们留心一些生活当中的数学乐趣，你就会发现，其实数学计算并不是想象中的那么复杂。但是，你要自己试着做一遍题目再看答案哦。

人体三个周期的最小公倍数

你知道吗？我们人的生命中有一个重要的周期，就是体力、情绪和智力。有时我们体力旺盛，就说明身体很强健；但有时体力下降，就很容易疲劳，而且容易生病。有时我们情绪非常好，整天开开心心的；有时却情绪衰退，烦躁不安，老是发脾气。有时我们思路敏捷、记忆力很好；有时却记忆力减退，反应也慢。

这是为什么呢？原来，人的这三个要素都是有一定周期变化的，也就是都有自己的高潮期、低潮期和临界日。这三种要素的周期都是不一样的。体力的变化周期是23天，情绪的变化周期是28天，智力的变化周期是33天。这就是人体的三节律，就像 "人体的三重奏"一样，不断地重复进行。

那你知道当一个人从出生之日起，要经过多长时间才能恢复到体力、情绪和智力的状态完全一样（也就是三者都处于高潮期或低潮期或临界日）吗？

通过前面的介绍，我们可以很容易地就把这个问题解答出来。其实，只需要求出23、28、33的最小公倍数就可以了。

23×28×33=21 252天

如果把它化成年数（注意闰年）就是58年67天。

所以，当一个人出生之后，经过58年，又恢复到了最开始的状态，进入到了人生的第二乐章。

日历上关于"54"的趣味计算

日历上也没有出现过"54"这个数啊？年、月、日中都没有。别急，我说的这个"54"不是单独出现在日历上，而是让你找出连续的3

天，它们的日期相加等于"54"。再试着找出连续的4天，让它们的日期相加也等于"54"。

找到了吗？可能现在有的小朋友赶紧去找日历了。找找看，你的答案和我的一样吗？

连续3天的日子应该是17日、18日、19日。因为是连续的3天，中间的那个数一定是前后两个数和的一半。所以总数被3除一定就是中间的那个数，那么54÷3=18，因此前面的那个数就是17，后面那个数就是19。

连续4天的日子应该是12日、13日、14日、15日。因为这4个数是连续的，所以中间的两个数之和一定等于最前面那个数和最后面那个数的和。这样54被2除一定就是中间那两个数的和，54÷2=27。因为是两个连续的数，所以这两个数应该是13、14，这样最前一个数和最后一个数就可以知道了。

我们清楚了日历上的"54"，现在把这个问题再拓展一下，找

出来哪个连续3天的日子之和是"56"或者"58"呢?

　　按照上面介绍的方法肯定是不行了,因为这两个数都不能被3除尽。这样我们就要从其他方面入手。因为这个连续的3天和连续的3个自然数是不一样的,它有月份的交替。所以我们很快就会联想到答案是这样的:

　　当连续的3天为2月27日、2月28日、3月1日的时候,3个日子之和为56;

　　当闰年时,连续的3天是2月28日、2月29日、3月1日,这3个日子之和为58。

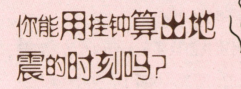

你能用挂钟算出地震的时刻吗?

某地发生了一场大地震。在某个房间里,一个大挂钟落在地上,长短针都掉了,但是钟的内部结构却没有受到损坏,那你能不能通过这个挂钟来判断一下,地震是什么时刻发生的呢?

这个问题可能对小朋友来说有点难,还是我来告诉你答案吧。把挂钟恢复原位,让钟摆继续"工作"。同时用手表来计一下时间,直到钟声敲响为止。看看钟打了几下,再对照一下手表走的时间,就可以计算出地震发生的准确时刻了。

假如说手表的计时为30分钟之后,时钟打了10下,那么地震发生的准确时间就应该是9点30分。

怎样买到合适的袜子呢?

小朋友们看到这个题目后,一定会哈哈大笑,要买到合适的袜子,只需要量一下脚就可以了。但是,我们总不能每次在商场买袜子的时候,都要脱掉鞋子,去量一下脚

吧。再说，这也是很不文雅的动作呀。那怎么办呢？

有一个小朋友去买袜子，售货阿姨就问他要多大号的袜子，可是小朋友摸了摸头，却不知道该买多大的。售货阿姨听了，笑着对他说："没有关系，你把手攥紧拳头。"小朋友按照售货阿姨的话做了。然后售货阿姨拿出一双袜子围着小拳头一圈，正好合适。售货阿姨说："这双袜子你穿一定正好。"你知道她这样说的根据是什么吗？

原来，把手攥成拳头，就相当于一个球，袜子围它一圈，就是这个圆的周长。按照一般人的比例，脚的长度正好是拳头直径的3倍。要是不信，你可以用尺子量一量看看对不对。

关于炒鸡蛋的问题

你喜欢吃炒鸡蛋吗？呵呵，炒鸡蛋里也有数学问题呀！

有一个人到一家饭店去订餐，他对厨师这样说："等一会儿我们要来几个人到你这里吃饭，有一道菜我们必须点，就是炒鸡蛋，希望你提前做好准备。"厨师就问这个人："要炒几只蛋呢？"这个人笑笑说："这个还不一定，但最少

炒1只，最多炒15只，我们临时通知吧。不过，上菜速度是越快越好。"

于是，这位厨师拿出了15只鸡蛋，分别打在四个碗中，悠闲地等待他们点菜。无论他们想吃多少鸡蛋，只要是在1到15这个范围内，他都可以保证以最快的速度上菜。那厨师往四个碗中各自打了几只鸡蛋呢？

先想想答案，和其他小朋友一起做做看，他当客人，你来当厨师，看你的方法对不对。

要想解决这个问题，我们要从1到15逐个分析。

首先，四个碗中必须有一个碗里要打一只，否则，顾客要吃一只蛋就无法应付了。

其次，还要有一个碗里必须是2只，理由和上面的一样。那是不是还要有一个碗中要打3只呢？这就不用了，因为把这两个碗倒在一起就可以得到3只蛋了。既然两个碗相加就可以得到3只蛋，那就需要有一个碗中打入4只的，这样才能满足客人的要求。

现在四个碗中已经有三个碗确定下来了，那第四个碗中打几只呢？一共有15只鸡蛋，所以最后一个碗中要打入15－1－2－4＝8只。

剩下的就都不需要准备了，如果顾客要吃5、6、7只蛋，或者9至15只蛋，厨师都可以利用这四个碗中的鸡蛋相加来得到。这的确是一种简便可行的好方法。

小白鼠怎么站队才能不被小花猫吃掉？

大家都知道猫是老鼠的天敌，几乎每一只遇到猫的老鼠都逃不过猫的爪子。但是，有一只小白鼠却利用自己的数学天分，巧妙地从猫爪中逃脱了。这是怎么回事呢？

有一只大花猫每天都能抓到很多老鼠，但是它有一个习惯，就是在吃老鼠之前，要先让老鼠排队报数。先把报单数的吃掉，然后剩下的

老鼠重新报数。第二次大花猫再吃掉报单数的，第三次、第四次都是如此……直到最后剩下的一只老鼠可以活命，和第二天抓来的老鼠一起重新排队报数。

有一天，大花猫突然发现，有一只小白鼠非常机灵，一连好几天，最后剩下的那只都是它。

大花猫忍不住问小白鼠："你是用了什么办法，能每天都剩下来而不被我吃掉呢？"

小白鼠就说："大花猫先生，每天在排队之前我都先数一下看看你抓到了多少只老鼠，然后我就找一个相应的位置站着，这样就留了下来。"

大花猫听了还是不解地问道："那你应该站在什么位置呢？如果你告诉我，我就把你放了！"

小白鼠想了一会儿说："那好吧，我告诉你，但你说话要算数。"于是小白鼠就把它的方法给大花猫讲解了一番。你知道它是怎么做的吗？

因为大花猫第一次吃掉的是报单数的老鼠，留下的是双数，也就是能被2整除的，如2、4、6、10、16等。第一批吃完后，原来2、6、10这些位置的老鼠就变成了1、3、5，而4、8、12这些位置的老鼠则变成了2、4、6，这样还是双数，就不会被吃掉。

所以如果站的位置的数中2这个因数越多，老鼠就越安全。聪明的小白鼠就专找这样的位置站。

现在我们假设大花猫抓到了10只老鼠，那8(2×2×2)的位置应该是最安全的；如果抓到的是20只老鼠，那16(2×2×2×2)的位置应该是最安全的。

大花猫听了小白鼠详细的回答后，感叹地说："没想到，你们这害人的老鼠中还有你这样聪明的小白鼠！"

小白鼠恭敬地对大花猫说："大花猫

先生，其实我并不是害人的老鼠，我是从科学家的实验室里偷偷跑出来玩儿的，请你把我放了吧，好吗？"

大花猫听了，立刻把小白鼠放了回去。在告别的时候，大花猫还感谢小白鼠给它上了一堂精彩的数学课呢！

人人都会变的魔术

你喜欢魔术吗？小刚就非常喜欢，你看，他又开始给大家表演了。

首先，他拿出了20张预先编好号码的纸。他把第一张翻开，上面写着1，然后把第二张放在这些纸的下面，又把第三张放在底下，再翻开第四张，上面写着2，然后把第五张、第六张放在底下……就这样进行下去。奇怪，他翻完20张，序号却是连续的。

魔术表演完了，大家却争论了起来，有的小朋友认为真是很神奇，有的小朋友则认为这根本不是魔术，而是他预先就把号码排好了，人人都能做到。你是怎么认为的呢？

我觉得你先不要发表见解，先自己变变看。你可以在一个大圆周上画出20个小圆圈，然后试着把20个数字按照小刚变魔术的方法填进去。可能第一圈还是比较容易的，1到7这7个数字很快就能填进去，但是第二圈就要费劲了，因为必须跳过第一圈已经填好的数字才行。全部填完以后，各圈的数字就是这样一个顺序：

1、12、8、2、15、17、3、9、13、4、19、

10、5、16、14、6、11、20、7、18

所以，在变这个魔术的时候，也必须按照上面这个顺序把号码纸排好，魔术才能成功。

2 520的秘密

前面我们给小朋友们介绍过，在埃及金字塔中发现了一个神奇的数就是142 857。金字塔里面的秘密好多啊，有位学者在一座金字塔的墓碑上又发现了一组象形文字，翻译出来后却是一个数字：2 520。这个数字有什么特别之处吗？数学家们对此产生了浓厚的兴趣，开始了大量的研究。原来，古埃及人很早就发现了2 520这个数字的特性。它是2、3、4、5、6、7、8、9、10这9个数的最小公倍数。

来，试一下看看，2 520能被7整除吗？

2 520÷7=360

那其他的8个数呢？也都能被整除吗？

其实我们不用具体来除，就可以确定它们都能整除2 520的。为什么呢？让我来告诉你答案吧。

只要个位是偶数的数就能被2整除。

各位数字之和是3的倍数的数，就能被3整除，2＋5＋2＋0＝9，是3的倍数，所以2 520能被3整除。

十位和个位数字连成的数是4的倍数的数，都可以被4整除，20是4的5倍，因此2 520能被4整除。

个位数字是0或者5的数都能被5整除。

能分别被2、3整除的数就能被6整除，2 520能被2、3整除，所以也能被6整除。

百位和十位数字连成的数，加上个位数的一半，得出的数能被4整除就一定能被8整除。52＋0×1/2＝52，能被4整除，所以2 520能被8整除。

各位数字之和是9的倍数的数，能被9整除。2＋5＋2＋0＝9，是9的1倍，所以2 520能被9整除。

个位数字为0的数能被10整除。

所以我们可以知道，2520能被2到10这9个自然数整除，也就是它们的最小公倍数。

一共有多少人去看球？

一个星期天，李熙恩非要爸爸带他去看球赛。爸爸无奈，就对他说："我出一道关于看球赛的题，如果你能答出来，我就带你去。"李熙恩高兴地答应了。

爸爸出的题是这样的：有很多小朋友排队去看球赛。2人一排多1人，3人一排多2人，4人一排多3人，5人一排多4人，6人一排多5人，7人一排多6人，8人一排多7人，9人一排多8人，10人一排多9人。问至少有多少小朋友？

李熙恩一听，什么问题啊，怎么这么复杂啊？他越想越

乱，越没有思路，就生气地对爸爸说："我不算了，我也不想看球赛了。"爸爸听了李熙恩的话，笑着说："要是你也去看球赛，就好办了。"李熙恩一听爸爸的话，恍然大悟，很快就算出来了。

因为这些小朋友不管按2人、3人……10人排队，都不能正好排整齐，而多出的分别是1人、2人……9人。但要是李熙恩去看球就好办了，他站到队伍中，无论按2人、3人……10人排队，都可以排整齐而不会多出几人。要想知道有多少小朋友，也就是李熙恩加入队伍以后，人数是2、3、4、5、6、7、8、9、10的公倍数。题目要求最少多少人，因此要找最小公倍数。

我们在前面"2 520的秘密"这个问题中已经讲过了2、3、4、5、6、7、8、9、10的最小公倍数是2 520。

因此队伍中至少有小朋友2 520－1=2 519人。

农民是怎样把狗、兔子、大白菜运过河的?

从前，有一个农民，想要过河。他带着一条狗、一只兔子和一棵大白菜，但他的小船太破了，如果把这些东西一起带过去，那就有沉船的危险。所以每次只能带三样中的一样过去。可是，先带哪一样呢？如果农民离开后，狗会咬兔子，兔子会吃大白菜。小朋友，你能帮忙想想办法吗？

这个农民还是很聪明的，最后他终于带着这些东西一起过到了河对岸。他是怎么做的呢？

因为狗和兔子在一起不行，兔子和白菜在一起也不可以，但是狗和白菜可以和平共处呀。所以，就先把兔子送过河，回来后，再把狗送过河去，把兔子随船带回来。然后把白菜送到河对岸，再回来一趟，把兔子带过去。这样问题就解决了。